Nicht im Handel

Sonderabdruck aus Band XLIX, 1958, Heft 3—4
PROTOPLASMA
Unter besonderer Mitwirkung von Noburô K a m i y a, Osaka, und Siegfried S t r u g g e r, Münster,
herausgegeben von Josef S p e k, Rostock, Friedl W e b e r, Graz, und Karl H ö f l e r, Wien

Springer-Verlag in Wien   Alle Rechte vorbehalten

Hansdieter Kling:
Versuche zur cytologischen Darstellung der Stoffeintrittsstellen und Stofftransportbahnen in Wurzelrindenzellen

ISBN 978-3-662-37098-8   ISBN 978-3-662-37806-9 (eBook)
DOI 10.1007/978-3-662-37806-9

Versuche zur cytologischen Darstellung der Stoffeintrittsstellen und Stofftransportbahnen in Wurzelrindenzellen[1]

Von

Hansdieter Kling

Aus dem Botanischen Institut der Technischen Hochschule Stuttgart. (Direktor: Prof. Dr. A. Arnold.)

Mit 21 Textabbildungen

(Eingegangen am 26. September 1957)

Inhaltsverzeichnis

I. Einleitung 364
II. Das Versuchsmaterial 366
III. Versuche und Versuchsergebnisse 367
   A. Die Polarität der Wurzelrindenzellen 367
     1. Plasmolyseversuche 367
     2. Versuche zur differenten Färbung der Protoplasten 368
     3. Versuche mit Wasserblau 369
       a) Der Farbstoff 369
       b) Die Färbungsversuche 370
       c) Die färbbare Substanz 374
   B. Die Transportbahnen in den Wurzelrindenzellen 378
     1. Nachweis einer lokalisierten Anionenaufnahme 378
     2. Nachweis von Cytochromatmungssystemen 381
     3. Nachweis von Chondriosomen 382
IV. Besprechung der Ergebnisse 383
   A. Das polare Verhalten der Wurzelrindenzellen 383
   B. Verteilung der Kallose in Wurzelrindenzellen 383
   C. Die Transportbahnen der Anionen 386
V. Zusammenfassung 393
Literatur 395

I. Einleitung

Die Frage nach der physiologischen Funktion der Wurzeln als Resorptionsorgane schließt unter anderem zwei Probleme ein: das der Stoffaufnahme und das des Stofftransportes.

---

[1] Dissertation der Technischen Hochschule Stuttgart.

Das Problem der Stoffaufnahme wird in den letzten Jahren in immer stärkerem Maße von Vorstellungen beherrscht, die auf eine aktive Aufnahme sowohl des Wassers als auch der Nährsalze abzielen, Vorstellungen also, die die Stoffaufnahme mit Stoffwechselvorgängen in Verbindung bringen, die eng mit der Atmung der Zellen verknüpft sind. Dieses Problem betrifft die aufnehmenden Zellen selbst.

Das zweite Problem betrifft den gerichteten Transport der in der Resorptionszone aufgenommenen Stoffe zu den Leitgeweben. Als Transportwege kommen zum Teil die Intermicellarräume der Zellulosemembranen der Zellen in Frage (passiver Transport), zum Teil aber auch die Zellen selbst (aktiver Transport). In diesen aber kommt nur dann ein gerichteter Transport zustande, wenn sie nicht nur Stoffe aufnehmen, sondern auch wieder abgeben, wenn also die Zellen wie Saug-Druck-Pumpen wirken.

Wie diese Saug-Druck-Funktion zustande kommt, ist noch rein hypothetisch. Die einzelnen Autoren entwickeln sehr verschiedene Ansichten über den polaren Stofftransport zu den Zellen des Leitzylinders der Wurzeln. Insbesondere sind in dieser Hinsicht die Vorstellungen über die Funktion jeder einzelnen Wurzelrindenzelle noch recht undurchsichtig.

Sicher ist wohl, daß der Transport in der Wurzelrinde gerichtet abläuft. Nur über die richtenden Faktoren sind die Anschauungen sehr divergierend. Eines aber möchte man annehmen: Wenn ein gerichteter Transport stattfindet, so sollten die Wurzelrindenzellen eine physiologische Polarität aufweisen.

1925 hat Zacharowa feststellen können, daß die Zellen der Wurzel Unterschiede in ihrer aktuellen Acidität aufweisen (Tab. 1), und zwar sind die Wurzelhaarzellen saurer als die weiter innen liegenden Rinden- und Zentralzylinderzellen.

Tab. 1. *pH-Werte der Wurzelgewebe.* (Nach Zacharowa 1925.)

Pflanze	Zentralzylinder	Rinde	Wurzelhaare
Roggen	7,9—7,3	7,0—6,1	6,4—6,1
Sommerweizen.....	7,8—7,0	7,0—6,1	6,1
Buchweizen	5,8—5,5	5,5—5,2	5,1

Es ist sehr wahrscheinlich, daß diese Unterschiede mit der Stoffaufnahmeaktivität der Zellen zusammenhängen.

Dennoch kann man diese Befunde nur als Andeutungen einer etwa vorhandenen Polarität der Wurzelrindenzellen ansehen. Später wurden präzisere Vorstellungen entwickelt. So nahm Lundegårdh 1935 an, daß das Außen- und Innenniveau einer Wurzelrindenzelle unterschiedlich sei. Lundegårdh denkt vor allem an Unterschiede in der aktuellen Acidität an den Grenzschichten, an gerichtete Plasmaströmung, verschiedenartige Oberflächenspannungen usw., vielleicht bedingt durch die ungleichmäßige Verteilung lipophiler und hydrophiler Teilchen in den Grenzschichten (Arisz 1945, Arnold 1952). Auch Crafts und Broyer

(1938) nehmen einen unterschiedlichen Bau des Plasmas einer Rindenzelle an.

Es wird also — allgemein gesprochen — zwischen einer Aufnahme- und einer Abgabeseite oder zwischen Aufnahme- und Abgabeorten in den Zellen zu unterscheiden sein. Über die Abgabeorte und den Abgabemechanismus wissen wir zur Zeit sehr wenig. Arisz (1945) und Wiersum (1948) halten es auf Grund ihrer Symplasmatheorie für wenig wahrscheinlich, daß hier überhaupt ein besonderer Sekretionsmechanismus von Zelle zu Zelle existiert. Dagegen ist die Frage nach dem Mechanismus der Aufnahme stärker in den Vordergrund getreten.

Im allgemeinen wird anerkannt, daß die Kationen und Anionen getrennt aufgenommen werden. Während die Kationenaufnahme wahrscheinlich auf dem Wege eines Ionenaustausches erfolgt (Metallkationen gegen Wasserstoffkationen), wobei das Plasmaeiweiß als selektiver Kationenaustauscher fungiert, wird die Anionenaufnahme als energiebedingter Vorgang mit einer Cytochromatmung verknüpft (Lundegårdh 1935 und spätere Arbeiten). Auch Robertson (1951) steht auf dem Standpunkt, daß die Ionenaufnahme atmungsgebunden sei.

Nach den neueren Vorstellungen wird eine Bindung der Cytochromsysteme an die Chondriosomen (Mitochondrien) angenommen, an oder in denen die Salzaufnahme in die Zelle zustande kommen könnte. Insbesondere haben sich Robertson, Wilkins, Hope und Nestel (1955) eingehend mit diesen Fragen beschäftigt. Sie kommen zu dem Schluß, daß der gesamte Mechanismus der Ionenaufnahme in die Zelle an die Chondriosomen gebunden sein dürfte.

Die offene Frage ist nun die nach der Durchführung des Transportes innerhalb der Zellen.

Dienen die Chondriosomen als Ionenträger oder wandern die Ionen an oder in den Chondriosomen? Sind die Chondriosomen in den Zellen an bestimmten Stellen lokalisiert? Geht der Transport nur in die Vakuole oder nicht? Viele Fragen sind noch zu beantworten.

Letzten Endes geht also die Diskussion um die genaue cytologische Lokalisierung dieser Transportmechanismen und um die Organisation dieser Strukturen.

In der vorliegenden Arbeit soll nun versucht werden, zu diesen Problemen einen Beitrag zu liefern, wobei die Fragen über die Polarität der Zellen und über die Transportwege im Plasma im Vordergrund des Interesses stehen sollen.

Die experimentellen Untersuchungen wurden in den Jahren 1952 und 1953 durchgeführt.

II. Das Versuchsmaterial

Als Versuchspflanzen dienten: *Vicia faba*, var. *equina* (*minor*), Sorte Herz Freya 1951 [2], und Stecklinge von *Erica carnea*.

---

[2] Das Saatgut (*Vicia faba*) wurde mir freundlicherweise vom Institut für Pflanzenbau in Hohenheim zur Verfügung gestellt, wofür ich bestens danke.

Die Pflanzen wurden in belüfteten Nährlösungen im Gewächshaus des Botanischen Gartens der T. H. Stuttgart kultiviert. Als Kulturgefäße fanden große, 3 cm weite Reagenzgläser Verwendung. Die benützte Pfeffersche Nährlösung hatte folgende Zusammensetzung:

    4 g Calciumnitrat $\cdot$ 4 H$_2$O = 2,8 g wasserfr. Salz
    1 g Kaliumnitrat
    1 g Magnesiumsulfat $\cdot$ 7 H$_2$O = 0,49 g wasserfr. Salz
    1 g prim. Kaliumphosphat
  0,5 g Kaliumchlorid
    4 Tr. Eisen(III)chloridlösung (29% FeCl$_3$)
5000 g Aqua dest.
dazu 1 cm³/l A-Z-Lösung nach H o a g l a n d.

Die Salzkonzentration war demnach 0,12%. Der pH-Wert wurde durch Variieren der Phosphate (prim. : sek. Phosphat 1 : 3) auf ~ 6,6, für *Erica* durch ausschließliche Verwendung von prim. Phosphat auf ~ 4,4 eingestellt. In der sauren Nährlösung gedieh *Erica* gut, vor allem nach Zugabe von etwas Erde, die aus Wurzelballen alter *Erica*-Pflanzen entnommen wurde und die somit die für das Wachstum notwendigen Pilze mitbrachte. *Vicia faba* kam nach Ankeimung in grobem Sand mit einer Primärwurzellänge von 3—5 cm in die Kulturgefäße.

Nachdem die Keimpflanzen von *Vicia faba* eine Primärwurzellänge von 6—10 cm aufwiesen, wurde deren Spitze abgeschnitten, um eine Bildung von Sekundärwurzeln anzuregen. Hatten diese eine Länge von 3—6 cm erreicht, wurden sie für die Untersuchungen verwendet.

Zur Untersuchung kamen die Wurzelrindenzellen der in den Nährlösungen heranwachsenden Wurzeln, und zwar wurden meist mediane Längsschnitte durch die Resorptionszone der Wurzel durchgeführt.

III. Versuche und Versuchsergebnisse

A. Die Polarität der Wurzelrindenzellen

Zunächst wurde versucht, mit verschiedenen Methoden der Frage der Polarität bei den Wurzelrindenzellen nachzugehen.

1. Plasmolyseversuche

Man nimmt bekanntlich an, daß das Plasma einer Zelle in die intermicellaren Räume der Zellmembran feinste Fortsätze hineinsendet, die zum Teil blind in der Membran enden, zum Teil aber auch in Form von Plasmodesmen die Membranen ganz durchsetzen. Die dadurch bedingte Oberflächenvergrößerung des Plasmalemmas erhöht nicht nur die Zahl der Adsorptionsorte, sondern könnte auch für die Stoffaufnahme von entscheidender Bedeutung sein. Es wäre nun denkbar, daß die Zahl der Plasmafortsätze in den zur Wurzelaußenseite gelegenen Membranpartien wesentlich verschieden sein könnte von der in den zum Zentralzylinder hin gelegenen Wandpartien. Dieser Unterschied müßte in der verschiedenartigen Ausbildung der Plasmolyseorte, vielleicht auch der Plasmoseform und in der Zahl der Hechtschen Fäden zum Ausdruck kommen. Aus diesem Grunde wurde das Plasmolyseverhalten der Zellen untersucht. Als Plasmolytika (0,8 mol) wurden verwendet: Glucose-, Kaliumnitrat-, Kaliumrhodanid- und Calciumchloridlösungen. Es wurden, um den Wundreiz auszuschalten, ganze Wurzeln plasmolysiert und dann geschnitten mit dem Ergebnis, daß die positiven Plasmolyseorte vorwiegend auf der Außenseite eintraten. Darin könnte man einen Ausdruck für eine Polarität der Zellen erblicken, hätte nicht Weber (1929) darauf hingewiesen, daß die Richtung des Eindringens des Plasmolytikums maßgeblich für die Plasmolyseorte sei. Nun hatte aber Weber für die Wurzelrinde wenig einheitliche Ergebnisse erhalten.

Um das gerichtete Eindringen des Plasmolytikums auszuschalten, wurden nun zunächst Schnitte gemacht und in das Plasmolytikum übertragen. Bei der Herstellung der Schnitte mußte mit einer Wundreizwirkung gerechnet werden, die nach Weber (1929), Härtel (1940) und Küster (1941) negative Plasmolyseorte erzeugt. Es war jedoch anzunehmen, daß sich der Wundreiz auf die wenigen intakten Zellen des Schnittes gleichmäßig auswirkt. Die Versuche brachten die gleichen Ergebnisse wie oben, nämlich vorwiegend positive Plasmolyseorte auf der Außenseite.

Die Verteilung der Hechtschen Fäden ergab keine Hinweise auf eine Polarität. Daher wurde versucht, dem Problem auf anderem Wege beizukommen.

2. *Versuche zur differenten Färbung des Protoplasten*

Ellengorn und Svetozarova hatten 1950 mit Hilfe von Farbstoffen (Methylenblau und Fuchsin) Unterschiede innerhalb des Protoplasten der Wurzelrindenzelle von *Allium cepa* gefunden, aus denen sie schließen konnten, daß das Cytoplasma auf der nach innen gelegenen Seite der Zelle eine höhere Acidität aufweist als auf der nach außen gelegenen Seite.

In ganz ähnlicher Weise wurde nun mit Hilfe von Farbstoffen versucht, polare Unterschiede im Plasma einer Rindenzelle sichtbar zu machen, in der Annahme, daß ein unterschiedliches Adsorptions-, Dissoziations- und Löslichkeitsverhalten der Farbstoffe zum Vorschein käme. Da sich geringe Differenzen bei Vitalfärbungen mit schwachen Farbstoffkonzentrationen möglicherweise nicht hinreichend deutlich erkennen lassen würden, kamen fast ausschließlich Fluorochrome zur Anwendung, deren Lokalisation und Farbnuancen relativ leicht sichtbar gemacht werden konnten. Untersucht wurden die Schnitte im Blaulicht als Fluoreszenzerreger (Quecksilberhochdrucklampe Zeiss, Filter BG 12 und OG 5). Gefärbt wurde mit folgenden Lösungen:

Acridinorange Merck	1 : 1.000	1 : 10.000	1 : 50.000	1 : 100.000
Euchrysin GGNX Bayer	1 : 1.000	1 : 10.000	1 : 50.000	1 : 100.000
Coriphosphin Grübler	1 : 5.000	1 : 10.000		
Irisblau Bayer	1 : 1.000	1 : 10.000		
Neutralrot Merck	1 : 10.000			
Thiazinrot Bayer	1 : 10.000			
Rhodamin B stand. Bayer	1 : 10.000			

Nilblausulfat Bayer   1 : 10.000
Chresylviolett Grübler   1 : 10.000
Geranin Bayer   1 : 10.000
Berberinsulfat Merck   1 : 10.000
Kaliumeosin Merck   1 : 10.000
Kaliumfluoreszein Bayer   1 : 10.000
3-Oxy-5, 8, 10-pyrentrisulfonsaures Natrium 1 :   5.000

Von der Annahme ausgehend, daß vielleicht bei direkter Beobachtung der Farbstoffaufnahme Ergebnisse zu erhalten seien, wurden dickere Schnitte lebender Wurzeln in Gelatine eingehüllt und eine mit Farbstofflösung gefüllte Glaskapillare an die Rhizodermis herangeführt, um das Fluorochrom auf möglichst kleinem Raum hineindiffundieren zu lassen. Durch die starke Fluoreszenz, die die eindringende Farbstofflösung in und an der Rhizodermis hervorrief, traten im Schnitt (an den Zellwänden) Reflexlichter auf, die eine genaue Beobachtung des Vordringens der schwachen Farbstofflösungen sehr erschwerten und keine weiteren Schlüsse zuließen. Eine Untersuchung der Grenzschichten des Cytoplasmas war mit den gebotenen Mitteln undurchführbar.

Einer manchmal auftretenden starken Membranfluoreszenz wurde durch Nachfärbung mit dem als fluoreszenzlöschend bekannten Farbstoff Wasserblau zu begegnen versucht. Dieser Farbstoff brachte jedoch eine interessante Überraschung, die zu weiteren Versuchen mit Wasserblau Anlaß gab.

3. Versuche mit Wasserblau

Bei Färbung eines Schnittes mit Wasserblau trat als ein unerwartetes Ergebnis eine elektive grünlich- bis goldgelbe Fluoreszenz bestimmter Stellen ein.

a) Der Farbstoff

Da Wasserblau als Fluorochrom nicht bekannt war, wurden zunächst die Eigenschaften des Farbstoffes genauer untersucht.

Normalerweise wurde Wasserblau stand. Bayer benutzt. Daneben kamen noch das Wasserblau 6b extra Bayer und Wasserblau Merck bei Parallelversuchen zur Anwendung.

Die verdünnte wässerige Lösung dieser Farbstoffe zeigte keinerlei Fluoreszenz. Sie verliert bei längerem Stehen an der Luft sowie bei Zugabe von Wasserstoffperoxyd ihre blaue Farbe. Das Wasserblau besitzt also eine „Leukoform". Diese erzeugt jedoch die gleiche elektive Fluoreszenz wie die blaue Farblösung. Es lag also nahe, die Existenz einer, vom eigentlichen Wasserblau unabhängigen Komponente anzunehmen. Dies wurde durch papierchromatographische Untersuchung der drei verwendeten Farbstoffe bestätigt (Abb. 1). Die Papierchromatogramme, hergestellt mit Butanol-Eisessig, zeigten je sieben Komponenten mit gut übereinstimmenden R_f-Werten. Zwei blaue (R_f-Werte: 0,03 und 0,12) und eine der drei fluoreszierenden (R_f-Wert: 0,20—0,21) sind ihrer Stärke nach als Hauptkomponenten zu bezeichnen. Die hier angegebenen Werte gelten für die Papiersorte Nr. 2043 a (Schleicher und Schüll). Anfragen bei den Firmen Merck und Bayer ergaben keine Aufklärung über die Zusammensetzung des Farbstoffes und der fluoreszierenden Komponenten, mit der weitere Untersuchungen gemacht wurden. Im folgenden soll diese als Wasserblaufluorochrom bezeichnet werden.

Eine Isolierung dieser Komponente durch Ausschütteln mit organischen Lösungsmitteln, wie Äther, Amylacetat, Amylalkohol, Anisol, Chloroform, Methylbenzoat, Ölsäure, Paraffinöl, Schwefelkohlenstoff und Trichloräthylen blieb erfolglos. Dagegen ließ sich die Komponente aus dem Papierchromatogramm wenigstens zum Teil mit Aqua dest. eluieren. Nach der Definition Struggers (1949) ist dieser Fluoreszenzfarbstoff zu den basischen zu zählen. Die wässerige Lösung fluoreszierte bei den erreichten niedrigen Konzentrationen nicht. Nach Adsorption an Zellulosepapier trat jedoch sehr starke Fluoreszenz auf. Diese war im Bereich von pH 2,3—10,0 annähernd gleichartig.

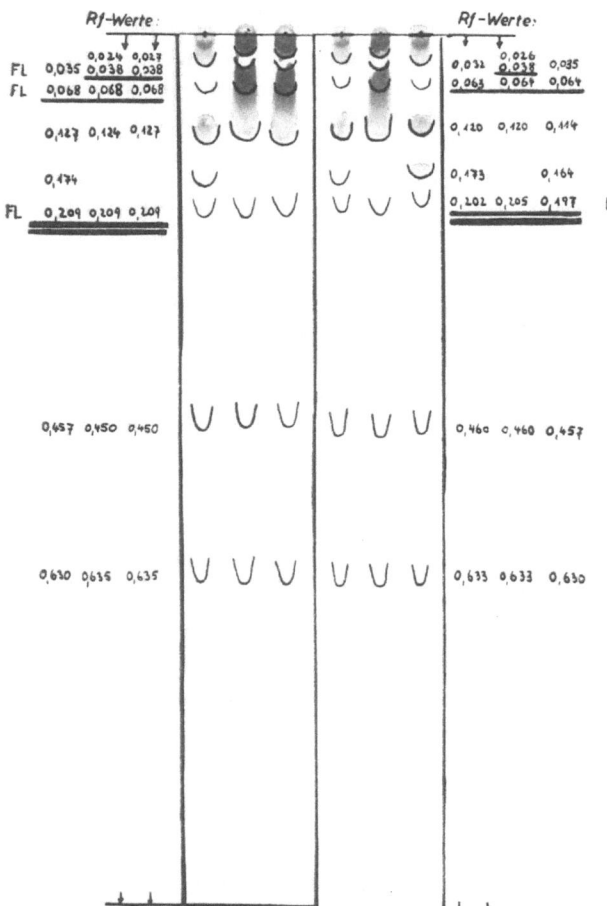

Abb. 1. Papierchromatogramm „Wasserblau". a, d, f: stand. Bayer, b, e: 6 b extra Bayer, c: Merck, Darmstadt. Entwickler: Butanol-Eisessig. Papier: Schleicher und Schüll 2043 a. Fl.: fluoreszierende Hauptkomponente ▬.

b) Die Färbungsversuche

Zur Färbung wurden die Schnitte teils in Wasserblaulösungen 1:100 bis 1:2500 — auf unterschiedliche pH-Werte eingestellt — gebracht, zum Teil wurden sie aber auch mit der „Leukoform" (an der Luft entfärbte Wasserblaulösung) bzw. mit dem aus den Chromatogrammen eluierten Fluorochrom gefärbt.

Alle Versuche ergaben das gleiche Resultat: An den Wänden der Wurzelrindenzellen traten grünlichgelb fluoreszierende Bezirke auf, die teils

Versuche zur cytologischen Darstellung der Stoffeintrittsstellen 371

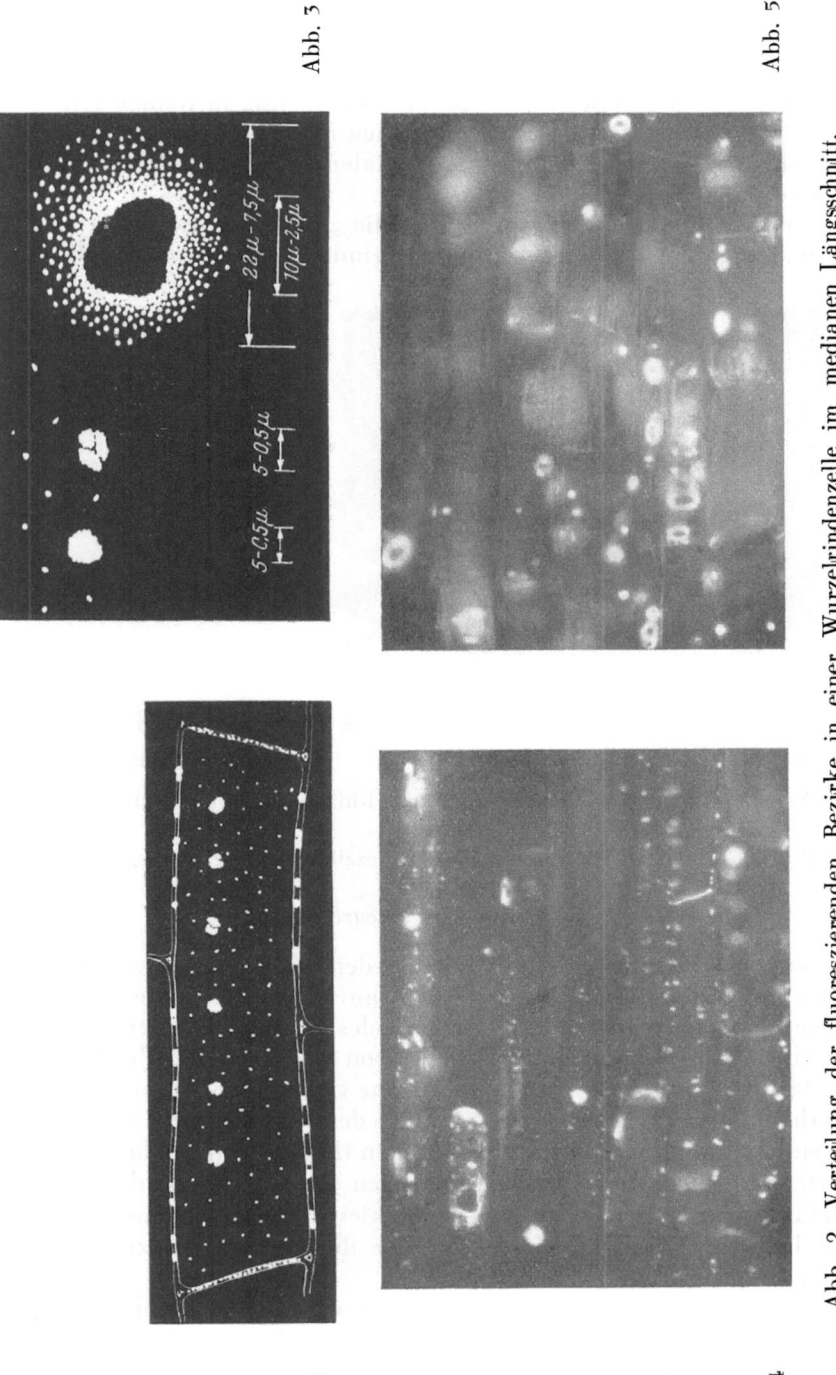

Abb. 2. Verteilung der fluoreszierenden Bezirke in einer Wurzelrindenzelle im medianen Längsschnitt.
Abb. 3. Gestalt und Größe der fluoreszierenden Bezirke in einer Wurzelrindenzelle.
Abb. 4. Längsmedianschnitt der Wurzelhaarzone in *Vicia faba*. Aufsicht auf die radialen Wände mit den fluoreszierenden Bezirken.
Abb. 5. Tangentialer Längsschnitt durch die Wurzelhaarzone von *Vicia faba*. Aufsicht auf die tangentialen Wände mit ihren fluoreszierenden Bezirken.

punktförmig klein waren, teils aber auch aus größeren geschlossenen oder ringförmig angeordneten Punkthaufen bestanden (Abb. 2). Die Größe dieser Punkte und Punkthaufen geht aus der Abb. 3 hervor. Ihre Verteilung in der Zelle war auffallend regelmäßig in Reihen mit etwa gleichen Abständen (Abb. 2). Die geschlossenen Punkthaufen waren in allen radialen, die ringförmigen nur in tangentialen Wänden sichtbar. Abb. 4 und 5 zeigen den Unterschied deutlich.

Außer diesen Punkthaufen waren über die gesamte Zellwand — an den basalen und apikalen Wänden der Wurzelrindenzellen besonders dicht —

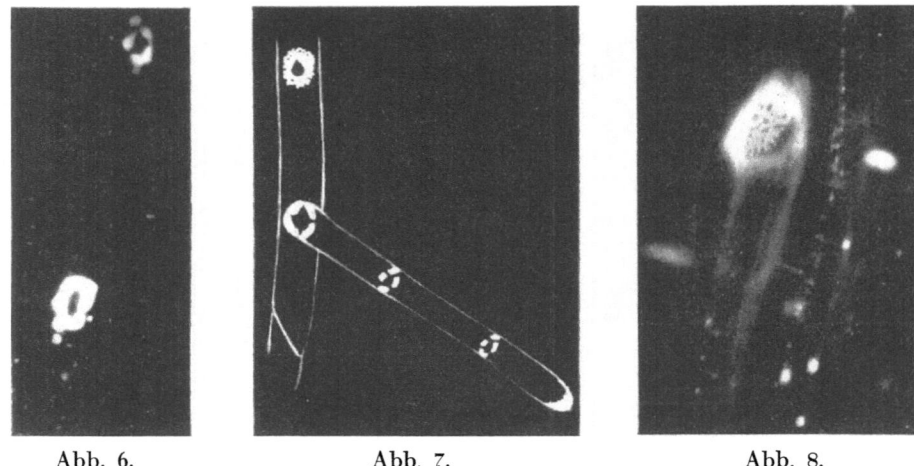

Abb. 6.   Abb. 7.   Abb. 8.

Abb. 6. Ansatz eines Wurzelhaares an einer Rhizodermiszelle. Fluoreszierende Bezirke.
Abb. 7. Schematisierte Anordnung der fluoreszierenden Bezirke an einem Wurzelhaar.
Abb. 8. Siebplatte von *Cucurbita pepo*.

zahllose kleine Einzelpunkte, die denen in den Punkthaufen entsprachen, unregelmäßig verteilt (Abb. 2). Besonders auffällig waren die Färbungsergebnisse bei Wurzelhaarzellen. Der Fuß des jungen haarförmigen Auswuchses einer Rhizodermiszelle war meist von vier größeren Punkthaufen ringförmig umgeben. Diese Ansammlung war gewissermaßen als Basalring zu bezeichnen. Von hier aus bis zur Spitze des Wurzelhaares traten noch ein- bis viermal ähnliche Punktansammlungen (Beläge) auf, so daß ein Haar etagenartig mit leuchtenden Belägen versehen war (Abb. 6 und 7). Besonders auffällig war weiterhin die mit vielen kleinen fluoreszierenden Einzelpunkten besetzte Wurzelhaarspitze, in der diese bisweilen zu größeren Massen zusammentraten.

Ferner fluoreszierten in Wurzellängsschnitten noch die Siebplatten und die Siebfelder. Eine solche Siebplatte — hier der Größe wegen von *Cucurbita pepo* — zeigt Abb. 8. Deutlich erkennbar sind dabei dunkle Stellen innerhalb der leuchtenden Siebporen.

Betrachtete man nach der Färbung einen Ausschnitt aus der Übergangszone zwischen Teilungs- und Streckungszone, so erhielt man ein Ergebnis, wie es aus Abb. 9 ersichtlich ist. Der Schnitt war tangential, aber in nicht zu großer Nähe der Rhizodermis ausgeführt worden und zeigte die jungen Zellen der Rinde. Die Punkthaufen waren hier noch streifenförmig und dicht zusammengelagert, wie aus der schematisierten Ausschnittszeichnung Abb. 10 hervorgeht.

Oberhalb der Aufnahmezone wurden die fluoreszierenden Stellen, und zwar in der Hauptsache die ringförmigen Punkthaufen, wesentlich seltener.

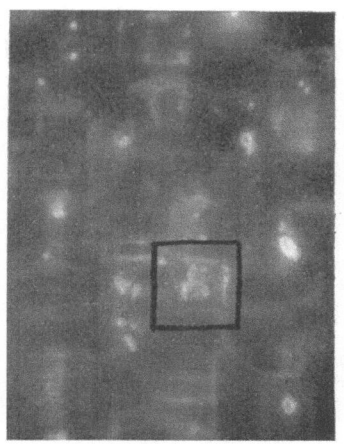 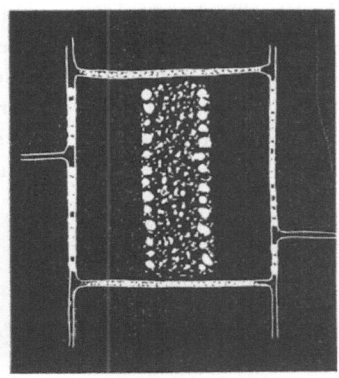

Abb. 9.   Abb. 10.

Abb. 9. Junge Zellen der Wurzelrinde nach Wasserblaufluorochromierung.
Abb. 10. Bezeichneter Ausschnitt von Abb. 9, schematisiert.

Über die genaue Lage dieser fluoreszierenden Substanz in bezug auf die Zellwand ließ sich jedoch nur schwer etwas aussagen. Daher wurden verschiedene Färbungsversuche an anderem, geeigneterem Pflanzenmaterial gemacht:

Material	Teil der Pflanze	Ergebnis
Vicia faba	Keimblätter	Auftreten von vereinzelten fluoreszierenden Punkten. Stärkekörner scheinen mit mäßig fluoreszierender Grenzschicht ausgestattet.
Vicia faba	Sproß, längs und quer	Kaum fluoreszierende Punkte. Xylem leuchtet kräftiger als Wurzelxylem. Siebröhren zeigen das gleiche Bild wie in der Wurzel.
Cucurbita pepo	Sproß	Die Siebplatten fluoreszieren wie in Abb. 8 gezeigt. Die Mitte der Siebporen bleibt dunkel.
Tradescantia	Staubfadenhaare	Feinste Punkte an den Querwänden der Zellen.

Betrachtete man besonders helle und kräftige Fluoreszenzfärbungen mit der Ölimmersion, so schienen diese leuchtenden Stellen in der Zellwand zu liegen, und zwar in der Form *b* der Abb. 11. Untersuchte man die Siebfelder oder auch die Punkthaufen an den Wurzelhaaren, so sah man sie an der Zellwand liegen oder zum Teil in sie hereinreichen (Abb. 11 a). In der Wurzelhaarspitze schien dagegen die fluoreszierende Substanz sowohl ein- als aufgelagert. Für eine Lokalisation in oder wenigstens zum Teil in der Zellwand sprach auch ein Plasmolyseversuch an den mit Wasserblau fluorochromierten Zellen. Rief man mit KNO_3, KSCN oder Glucose eine Konvexplasmolyse hervor, so blieben die fluoreszierenden Stellen an der Zellwand, während sich das Cytoplasma abkugelte. Waren irgendwelche Hechtsche Fäden unter dem Fluoreszenzmikroskop überhaupt sichtbar, so setzten sie an den leuchtenden Punkten an. Fluorochromierte man das Endosperm von Dattelkernen, so fand sich die fluo-

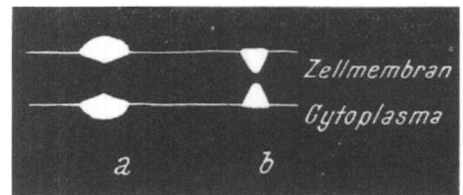

Abb. 11.

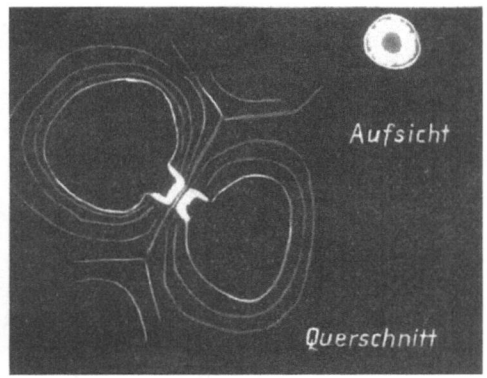

Abb. 12.

Abb. 11. Mögliche Lokalisation der fluoreszierenden Bezirke an oder in der Membran (s. Text).

Abb. 12. Tüpfel aus dem Endosperm von *Phoenix dactylifera,* gefärbt mit Wasserblaufluorochrom.

reszierende Substanz als Auskleidung von Tüpfeln. In der Aufsicht füllte die Substanz die Tüpfel nicht aus, sondern man erkannte einen freien, nicht fluoreszierenden Raum in der Mitte des Tüpfels (Abb. 12).

c) Die färbbare Substanz

Es erhob sich nun die Frage nach der Art und Beschaffenheit der Substanz, die nach der Färbung mit dem Wasserblaufluorochrom eine derart starke Fluoreszenz zeigt. Zunächst wurde versucht, durch Einwirkung verschiedener Chemikalien Rückschlüsse auf den Charakter der fluorochromierten Substanz zu erhalten.

Keine Veränderung der hervorgerufenen Fluoreszenz war festzustellen bei kürzerer Einwirkung von: $1/10\,n$ HCl, abs. Alkohol, 8-Oxychinolin, KCN und Plasmolytika. Zum Verschwinden der Fluoreszenz führte: 1% NaOH, Schweitzers Reagens sowie Kochen in wässeriger Lösung. Färbte man aber nach dieser Behandlung die Schnitte erneut, so trat die elektive Fluoreszenz wieder auf, die Substanz war also nicht angegriffen worden.

Um festzustellen, ob es sich bei dieser um Lipoide oder um Lipoproteide handelt, wurden Extraktionen mit Lipoidlösungsmitteln durchgeführt.

Mit Wasserblaufluorochrom gefärbte Schnitte wurden 4 Std. mit Äther und anschließend 2 Std. mit Petroläther behandelt. Die dadurch weitgehend verschwundene Fluoreszenz trat nach erneuter Färbung wieder auf. Wurden dagegen die gefärbten Schnitte vorher eine Stunde mit $^1/_{10}\,n$ HCl hydrolysiert und danach erst einer vierstündigen Ätherextraktion unterworfen, so trat nach erneuter Färbung keinerlei Fluoreszenz mehr auf. Nach dem, was wir jetzt wissen, dürfte eine Zerstörung der Substanz durch Hydrolyse kaum zustande gekommen sein. Vielleicht war sie nur von den Orten, an denen sie normalerweise gesucht wurde, abgetrennt und verlagert worden.

Mit Hilfe von Verdauungsversuchen sollte eine eventuelle Beteiligung von Proteinen an den färbbaren Substanzen untersucht werden. Als verdauende Fermente wurden Pepsin und Trypsin verwendet [3].

Mit Wasserblaufluorochrom gefärbte Schnitte kamen teils in die Verdauungslösung, teils als Kontrollen in Leitungswasser. Ergebnis:

Ferment	Zeitdauer	Temp.	Ergebnis
Pepsin in 0,2% HCl	22 Std.	38°	Fluoreszenz wie Kontrollen
Pepsin in 0,2% HCl	41 Std.	38°	Fluoreszenz wie Kontrollen
Trypsin (pH 7,7)	28 Std.	38°	schwächere Fluoreszenz wie Kontrollen
Trypsin (pH 7,7)	47 Std.	38°	Keine Fluoreszenz (?)

Daß die fluoreszierende Substanz aus Proteiden besteht, war nach dem negativen Ausgang der Versuche mit Pepsin unwahrscheinlich.

Zur weiteren Untersuchung dieser Substanz wurden Färbungen von Modellsubstanzen mit dem Wasserblaufluorochrom durchgeführt, die zu folgenden Ergebnissen führten:

Modellsubstanz	Ergebnis
Pektin	Keine Fluoreszenz
Gelatine	Keine Fluoreszenz
Hühnereiweiß	Lebend: keine; koaguliert: mäßige
Zellulose (nativ)	Kaum Fluoreszenz
Zellulose (Filtrierpapier)	Starke Fluoreszenz
Cytochrom c	Keine Fluoreszenz
Kallose (an Siebröhren)	Starke Fluoreszenz

---

[3] Die Ergebnisse stimmen mit denen überein, die Eschrich später (1956) an Siebröhrenkallose erzielte.

Wie Arnold 1956 zeigte, ergeben alle Stellen, an denen Kallose bis jetzt bekannt ist, mit diesem Fluorochrom eine kräftige Fluoreszenz. Färbt man nun Wurzelrindenzellen mit den gebräuchlichen Kallosefarbstoffen (Korallin-Soda, Resorcinblau), so erhält man keine Färbung dieser Punkthaufen. Dieses wird verständlich, wenn man bedenkt, daß die Menge der Substanz an diesen Stellen etwa im Vergleich zu der an den Kallosepfropfen der Siebplatten äußerst gering ist und somit die Färbung (rosa oder blau) nur äußerst schwach hätte ausfallen müssen. Dies war auch der Grund, weswegen wir zunächst nicht an das Vorhandensein von Kallose dachten. Da nun alle bekannten Kallosevorkommen eine gleichnuancierte grünlichgelbe Fluoreszenz zeigen, so konnte es sich also auch in unseren Versuchen nur um Kallose handeln. Dafür sprechen nicht nur das Verhalten der Siebplatten und das der Tüpfelauskleidungen beim Dattelendosperm, sondern auch das Auftreten von Kallose in den Wurzelhaarzellen, in denen sie erstmals von Ridgway (1913), später (1916) von Roberts als allgemein verbreitet nachgewiesen wurde. Niemals konnten wir jedoch in unseren Versuchen Kallose in den Wurzelhaarzellen in derartigen Massen finden, wie sie Ridgway gefunden hatte.

Auch die Angaben Howe's (1921) konnten wir nicht bestätigen. Howe fand mit Hilfe von Resorcinblau, daß die Wurzelhaarzellen eine geschlossene innere Kallosemembran besitzen sollten. Wir fanden eindeutig, daß sich die Kallose stets nur auf bestimmte Wandpartien des Wurzelhaares beschränkt. Das mag vom Alter der Wurzelhaarzellen abhängen.

Die Erkennung dieser fluoreszierenden Punkte in den parenchymatischen Wurzelrindenzellen als Kalloseablagerungen ist nun für die weitere Bearbeitung der ursprünglichen Fragestellung von großer Bedeutung.

Das Vorkommen der Kallose an den Siebplatten und ihr Auftreten in den Tüpfeln des Dattelendosperms [4] deutet auf gewisse Zusammenhänge zwischen diesem und den Vorgängen beim Stofftransport hin.

In den Siebröhren wird Kallose dann als mächtiger Pfropfen abgelagert, wenn die Transportfunktion der Siebröhren im Herbst beendet wird. Sie liegt also offensichtlich immer an den Stellen, an denen Plasmodesmen die Verbindung von Zelle zu Zelle herstellen, und kann möglicherweise den Transport von Stoffen an den Plasmodesmen mehr oder weniger stark hemmen oder ganz unterbinden.

Wenn wir diese Funktion annehmen, so dürfen wir auch in der parenchymatischen Wurzelrindenzelle damit rechnen, daß die Kallosepunkte oder -punkthaufen 1. an den Stellen der Tüpfel liegen, deren Schließhäute von zahllosen Plasmodesmen durchzogen sind, und 2. an den Stellen, an denen einzelne Plasmafortsätze in die Zellmembran hineinragen oder hindurchlaufen.

Die Art der Verteilung der Punkthaufen zeigt nun in den Wurzel-

---

[4] Nach Abschluß unserer Untersuchungen veröffentlichten Currier und Strugger 1956 ihre Befunde über das Auftreten von Kallose in Tüpfeln der Epidermiszellen von *Allium cepa*-Schuppen. Sie färbten mit alkalischer Anilinblaulösung.

rindenzellen eine sehr starke Ähnlichkeit mit der Art der Verteilung der Tüpfelbezirke, wie sie von Scott und Mitarbeitern (1956) durch elektronenoptische Untersuchungen der Zellwände von Zwiebelwurzelzellen gefunden wurde.

Eine Gegenüberstellung der beiden diagrammatischen Abbildungen (Abb. 13 und 14) läßt dies mit großer Deutlichkeit erkennen. Scott und Mitarbeiter zeigen auch, daß die apikalen und basalen Wände der Wurzelrindenzelle von zahlreichen kleinsten Tüpfeln durchsetzt sind, was übereinstimmt mit dem Befund, daß an eben diesen Wänden auch zahllose punktartige Kallosebeläge anzutreffen sind.

Die physiologische Bedeutung der Kallosebeläge ist nach den Literaturangaben recht undurchsichtig. Eschrich hat die angenommenen Funktionen in seinem Sammelreferat 1956 zusammengestellt. Wir können uns jedoch kaum damit abfinden, daß die

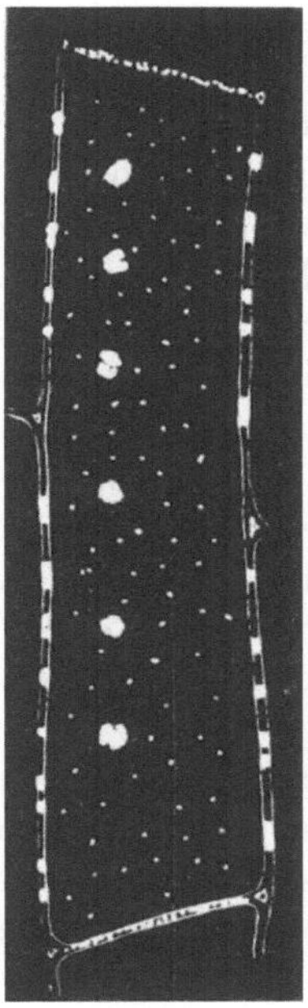

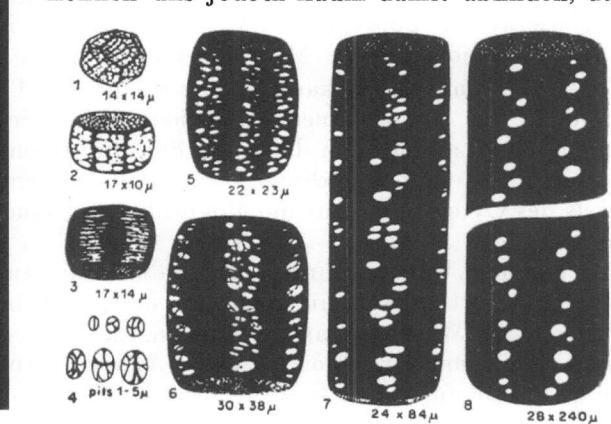

Abb. 13.   Abb. 14.

Abb. 13. Kalloseverteilung in einer Wurzelrindenzelle.
Abb. 14. Verteilung und Anordnung der Tüpfel in Wurzelrindenzellen von *Allium cepa* (Diagramm). *1—3, 5—8*: Zellen zunehmenden Alters, *4*: Tüpfelentwicklung. Unterteilung der Tüpfelfelder. (Nach Scott und Mitarb. 1956.)

Funktion der Kallose so unterschiedlich sein soll, vielmehr glauben wir, daß sie allein eine regulierende Funktion aufweisen dürfte, regulierend in dem Sinne, daß sie den Durchtritt, den Austritt und den Eintritt von Stoffen in die Zelle — kurz also den Stofftransport — quantitativ kontrolliert, ohne an diesem Vorgang selbst beteiligt zu sein. Sie übernimmt nicht die Funktion einer Membran, auch nicht in den Wurzelhaarzellen, jedoch scheint sie gerade an den wachsenden Haarspitzen, also an den Orten, an denen die Differenzierung der Funktion des Plasmas noch nicht abgeschlossen ist, die Stoffzufuhr und den Stofftransport zu kontrollieren. Wir glauben nicht, daß die Kallose in Wurzelhaaren einen Schutz darstellt gegen eingedrungene Keime, sondern eher gegen die durch die Keime fermentativ bewirkten Umsetzungen. Doch wollen wir uns mit diesen Fragen in diesem Zusammenhang nicht weiter auseinandersetzen.

Entsprechend der Bedeutung, die wir der Kallose beim Stofftransport zumessen, vor allem in Analogie zu dem Verhalten der Siebröhren und Siebröhrenkallose, möchten wir annehmen, daß an den Stellen der Zelle, an denen sich Kallose befindet, auch die Stofftransportbahnen liegen, sofern solche vorhanden sind. Wir wollen versuchen, zu dieser Frage der Transportbahnen einige Beiträge zu liefern.

B. Die Transportbahnen in den Wurzelrindenzellen

Bei der Ionenaufnahme in eine Pflanzenzelle müssen wir nach Lundegårdh die Kationen- und Anionenaufnahme getrennt betrachten.

Die Kationenaufnahme erfolgt, soweit man die Verhältnisse überblicken kann, auf dem Wege des (vielleicht selektiven) Ionenaustausches. Als Kationenaustauscher fungiert aller Wahrscheinlichkeit nach das Plasmaeiweiß, welches als polyvalentes Anion aufzufassen ist. Ausgetauscht werden Wasserstoffionen gegen Metallionen.

Ein Anionenaustausch kann praktisch nicht auf einem solchen Wege stattfinden, da der Anionenaustauscher fehlt. Seit Lundegårdh's Untersuchungen nimmt man daher an, daß die Anionenaufnahme aktiv erfolgt mit Hilfe eines Cytochromsystems, in welchem infolge des Valenzwechsels des Cytochromeisens die Möglichkeit für eine Anionenbindung besteht.

Die neueren Untersuchungen zeigen uns mit zunehmender Deutlichkeit, daß die Cytochromatmungssysteme der Zellen in den Chondriosomen lokalisiert sind. Wenn also an den Stellen, an denen die Kallose lokalisiert ist, auch der Anionentransport bzw. die Anionenaufnahme stattfinden soll, so müßten sich an diesen Stellen entweder die Chondriosomen oder der Anioneneintritt selbst nachweisen lassen.

Wir haben beide Wege untersucht. Zum Zwecke der Sichtbarmachung des Anionentransportes wurde auf eine von Strugger (1939) und Rouschal und Strugger (1940) benutzte Methode zurückgegriffen. Sie beruht auf der Bildung eines stark fluoreszierenden kristallinen Niederschlags von Berberinrhodanid, der sich beim Zusammentreffen von Rhodanionen und Berberinionen bildet.

1. Nachweis einer lokalisierten Anionenaufnahme

In Vorversuchen wurden Längsschnitte der Wurzelhaarzone mit Berberinsulfat 1:100 gefärbt, kurz gewaschen und dann mit 1 mol KSCN-Lösung behandelt. Die zweifellos geschädigten Zellen zeigten nun Kristallausblühungen auf den Innenseiten der Zellwände (Abb. 15 a und b). KSCN war also in die Berberin enthaltenen Zellen eingedrungen und hatte dort sofort die stark leuchtenden Kristalle erzeugt. Wesentlich ist nun, daß diese Ausblühungen nicht an allen Stellen der Zelle auftraten, sondern nur an bestimmten, eben dort, wo das SCN-Anion eingedrungen sein mußte. Diese Kristallausblühungen entsprachen aber ihrer Verteilung nach durchaus der, die die geschlossenen und ringförmigen Kallosepunkthaufen aufwiesen, womit zunächst wahrscheinlich gemacht wurde, daß an den Stellen der Tüpfel die Anionenaufnahme erfolgt. Nach diesen interessanten Ergebnissen wurde nun die Methode wesentlich verfeinert und variiert.

Die gesamte Pflanze wurde mit allen Wurzeln oder auch nur mit einem Teil ihrer Sekundärwurzeln (es kamen auch abgeschnittene Wurzeln zur Verwendung) in eine mit Aqua dest., mit Leitungswasser oder mit normaler Nährlösung angesetzte Berberinsulfatlösung 1 : 1000 oder 1 : 5000 gebracht. Nach fünf oder mehr Minuten wurde sie nach Abspülen ihrer Wurzeln in eine reine KSCN-Lösung (0,05—0,2 mol) oder in eine Nährlösung mit

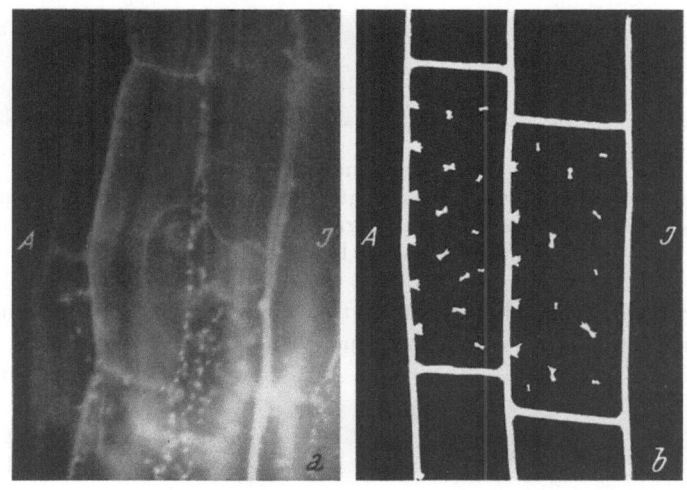

Abb. 15 a und b. Kristallausblühungen an letal geschädigten Rindenzellen von *Vicia faba* nach der Berberinrhodanid-Reaktion (a: Original, b: Schema), A: Außenseite der Zellen, I: Innenseite der Zellen.

KSCN an Stelle von KNO_3 überführt und nach fünf oder mehr Minuten erneut abgespült. Das zweimalige Abspülen sollte die Bildung von Berberinrhodanidkristallen im Außenmedium verhindern, wodurch sonst die Beobachtung wesentlich erschwert worden wäre. Die alsdann hergestellten Längsschnitte, welche die gesamte Wurzelspitze umfaßten, kamen nun zur fluoreszenzmikroskopischen Untersuchung. Das Ergebnis war verblüffend. Es traten Fluoreszenzerscheinungen auf, die vom entstandenen Berberinrhodanid herrührten, welches durch das Zusammentreffen von Berberinionen und SCN-Ionen gebildet wurde. So zeigten sich in den Wurzelrindenzellen unter allen oben aufgeführten Versuchsbedingungen bäumchenförmige, fluoreszierende Fäden, die an den gleichen Stellen, an denen in den Vorversuchen die Kristallausblühungen auftraten, d. h. an der Außenseite des Plasmas, ansetzten und sich im Innern des Plasmas verzweigten (Abb. 16 a, b, c und 17 a und b). Als Kriterium für den durchaus vitalen Zustand der Zellen galt auch hier eine nachträgliche Plasmolyse. Damit konnte festgestellt werden, ob die Zellen geschädigt waren oder nicht. Bei Behandlung mit einer KSCN-Einsalzlösung wurden sie im Verlaufe der

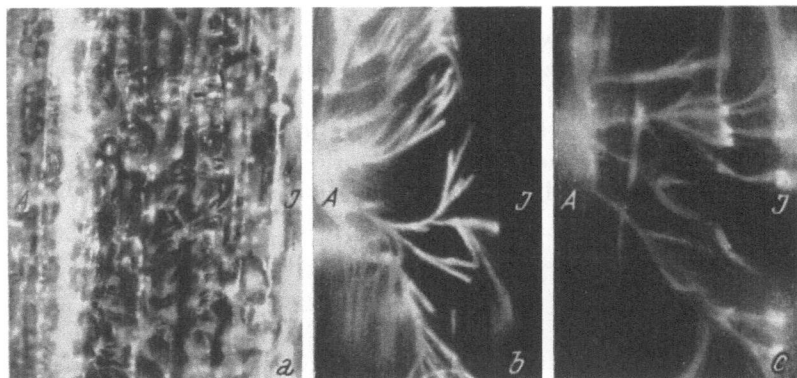

Abb. 16. a: *Vicia faba.* Wurzelrindenzelle im Längsmedianschnitt. Bäumchenförmig von außen nach innen verzweigte fluoreszierende Fäden. b und c: Stark vergrößerte fluoreszierende Fäden, Vergrößerung ca. 1000fach linear. A: Außenseite der Zellen, I: Innenseite der Zellen.

Berberinrhodanidversuche geschädigt, während sie bei Verwendung von KSCN-haltiger Nährlösung durchaus vital blieben. Das Bild der fluoreszierenden Fäden war aber in beiden Fällen das gleiche, nur verschwand die Fluoreszenz bei vitalen Zellen bereits nach 10 bis 15 Minuten, blieb dagegen bei den letal geschädigten Zellen bestehen. Ehe die Fluoreszenz in den vitalen Zellen verlöschte, trat als Zwischenstadium ein perlschnurartiges Aussehen der Fäden auf. Es konnte aber nicht beobachtet werden, ob die Fäden aus einzelnen stäbchenartigen Gebilden bestehen oder in diese zerfallen. Da bei solchen bislang unbekannten Strukturen die Deutung als Artefakte naheliegt, wurde ein Modellversuch mit Gelatine durchgeführt.

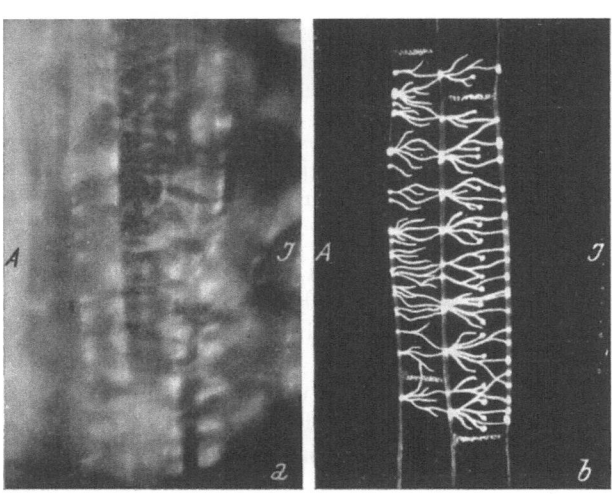

Abb. 17 a und b. Wie Abb. 16. a: Original, b: schematischer Ausschnitt, A: Außenseite der Zellen, I: Innenseite der Zellen.

Mit Berberinsulfat hergestellte 10%ige Gelatine und auch nachträglich gefärbte Gelatine wurde unter ein Deckglas gegeben. Vom Rand her wurde KSCN-Lösung in verschiedenen Konzentrationen zugesetzt. Diese diffundierte in die Berberingelatine, und die sich bildenden Berberinrhodanidkristalle hatten stets das Aussehen von Nadelbüscheln. Es traten keinerlei mit den Fäden vergleichbare Kristallansammlungen auf, wie sie in den oben genannten Versuchen mit lebenden Zellen beschrieben wurden. Da weder KSCN noch die wässerige Lösung von Berberinsulfat fluoresziert und auch die reine Berberinsulfatfärbung keine ähnliche Erscheinungen hervorrief, konnte also nur dort eine Fluoreszenz entstanden sein, wo Berberin- und Rhodanionen zusammentrafen.

Wir können also den Schluß ziehen, daß 1. bestimmte Stellen in der Plasmagrenzschicht vorhanden sein müssen, an denen Anionen in die Zelle eintreten, daß 2. der Weg der Anionen nicht zur Vakuole führt, sondern in der Hauptsache durch das Cytoplasma der gesamten Zelle hindurch von Tüpfel zu Tüpfel. Die Richtung dieses Weges ist durch den Verlauf der Fäden bestimmt. Die Verzweigung der Fäden deutet auf eine Gabelung der Transportwege, jedoch bleibt die Hauptrichtung Außenmedium → Zentralzylinder im großen und ganzen gewahrt.

Um die Verteilung bei abgehobenem Cytoplasma zu untersuchen, wurden Zellen vor bzw. nach der Berberinrhodanidreaktion mit 0,8 mol Glucoselösung plasmolysiert.

Plasmolyse n a c h der Berberinrhodanidreaktion:
Ergebnis: Die Fluoreszenz der Fäden verlöscht allmählich beim Eindringen des Plasmolytikums. Hierbei dürfte es sich um eine Verdrängung des Berberinrhodanids von den Strukturen infolge der Aufnahme anderer Anionen (oder auch Zucker?) handeln.

Plasmolyse v o r der Berberinrhodanidreaktion:
Durchführung: Plasmolyse, Färbung mit Berberinsulfat, anschließend Darbietung von KSCN (beides in 0,8 mol Glucoselösung), Schnitte, Beobachtung im Plasmolytikum. Ergebnis: Konvexplasmolyse, Kristallausblühungen an den Tüpfeln bzw. Kallose tragenden Stellen; kein Auftreten von fadenförmigen Bahnen. Diese erscheint verständlich, da die Cytoplasmagrenzschicht bei Plasmolyse eine wesentliche Strukturveränderung erfährt.

Wenn nun die Anionenaufnahme im Sinne L u n d e g å r d h's mit Hilfe von Atmungssystemen (Cytochromsystemen) vor sich geht, so besteht die Möglichkeit, sich durch Einwirkung atmungshemmender Substanzen davon zu überzeugen, ob ein direkter Zusammenhang zwischen den Anionenatmungssystemen und den fluoreszierenden Fäden besteht.

2. *Nachweis von Cytochromatmungssystemen*

Die SCN-Aufnahmeversuche wurden in der üblichen Weise durchgeführt, nur wurde der Rhodanlösung KCN in einer Konzentration von 10^{-2} mol zugesetzt. Es ergab sich, daß die Ausbildung der fluoreszierenden Fäden bei der Berberinrhodanidreaktion unterblieb. Wurde KCN in einer Konzentration von 10^{-3} und 10^{-4} mol geboten, waren solche Fäden kaum zu erkennen, 10^{-5} mol hatten jedoch keinen Einfluß mehr, d. h. hier traten die normalen, oben beschriebenen Fäden auf. Daraus läßt sich ableiten, daß das Rhodanionen aufnehmende System KCN-empfindlich ist, also aller Wahrscheinlichkeit nach ein Cytochromsystem darstellt.

Schließen wir uns der verbreiteten Vorstellung an, daß die Cytochromsysteme in Chondriosomen lokalisiert seien, so müssen wir an den Stellen der fadenförmigen Strukturen auch die Anwesenheit von Chondriosomen erwarten.

3. Nachweis von Chondriosomen

B u v a t hatte 1953 beschrieben, daß Chondriosomen unter bestimmten Umständen als lange fadenförmige Gebilde in den Zellen angetroffen werden können. Diese langen Fäden sollen durch Aneinanderkettung vieler Chondriosomen zustande kommen. Auch P e r n e r (1952 a) spricht von langen fadenförmigen Chondriosomen. Es lag also durchaus nahe, in den gefundenen fadenförmigen Strukturen die Anwesenheit von Chondriosomen zu vermuten. Der Chondriosomennachweis wurde auf zwei verschiedenen Wegen färberisch versucht.

Die Vitalfärbung von Chondriosomen mit Janusgrün, die nach D r a w e r t (1953) als „launenhaft" anzusehen sein soll, zeitigte in unseren Versuchen gute Ergebnisse. Es ergaben sich stäbchenförmige, zu Fäden aufgereihte Chondriosomen in der aus den Berberinversuchen bekannten radial gerichteten und verzweigten Anordnung.

Der positive Ausfall der Janusgrünfärbung veranlaßte uns, den Chondriosomennachweis auch nach der bekannten R e g a u d schen Methode (R o m e i s 1948) durchzuführen. Die Ergebnisse waren auch hier positiv.

Es sind in Wurzelrindenzellen der Aufnahmezone feine Fäden zu erkennen, die von einer Zellwand zur anderen führen. Die Verzweigung und die Form dieser Fäden entspricht annähernd jener der fluoreszierenden Bahnen. Lediglich ist die bäumchenartige Verzweigung nicht so deutlich und so regelmäßig zu beobachten, was sich auf Veränderung bei der Fixierung zurückführen lassen dürfte. An vielen Stellen ist ein Aufbau der Fäden aus einzelnen Chondriosomen zu erkennen (Abb. 18 a und b, S. 387).

In den sehr jungen Zellen nahe der Wurzelspitze sind nur kugel- bis schwach stäbchenförmige Chondriosomen zu finden, in den jungen Zellen des Zentralzylinders sieht man jedoch viele fadenförmige Chondriosomen — Chondriokonten (s. D r a w e r t, 1953, S. 135) —, die aber nicht radial, sondern vertikal orientiert sind. So verhalten sich normale Wurzeln.

Es wäre nun denkbar, daß KSCN in den angewandten Konzentrationen bereits zellschädigend gewirkt hätte, so daß also die oben beschriebenen fadenförmigen Berberinrhodanidablagerungen nicht das normale Verhalten der Zellen wiedergeben würden. Aus diesem Grunde wurden die Wurzeln vor der R e g a u d schen Färbung mit 0,05 mol KSCN vorbehandelt. Diese Wurzeln zeigten jedoch bezüglich der Chondriosomenfärbung und Chondriosomenanordnung keine Abweichungen gegenüber dem Verhalten der nicht vorbehandelten, normalen Wurzeln.

In feuchter Luft gewachsene Wurzeln, die noch nicht mit Nährlösung in Berührung gekommen waren, zeigten nach der R e g a u d schen Färbung die fadenförmige Anordnungen der Chondriosomen bei weitem nicht so ausgeprägt wie normale Wurzeln, die Anionen aus der Nährlösung aufnehmen konnten.

Zum Abschluß wurde der Versuch unternommen, die Kallosefärbung und die Janusgrünfärbung zu kombinieren, um festzustellen, ob die Chondriosomenfäden bzw. -ketten an den Stellen der Wurzelrindenzellen ansetzen, an denen auch die Kalloseansammlungen lokalisiert sind.

Mit Wasserblaufluorochrom vital fluorochromierte Schnitte wurden unter ständiger Beobachtung [5] unter dem Mikroskop mit Janusgrün (Grübler, alt) versetzt. Der eindringende Farbstoff löschte wohl die Fluoreszenz der Kallose und überfärbte schließlich den Schnitt. Man konnte aber in der Übergangszone, in der die Fluoreszenzfärbung der Kallose noch vorhanden, die Janusgrünfärbung aber noch nicht eingetreten war, beobachten, wie die sich zunehmend färbenden Chondriosomenfäden in Richtung auf die Kallosebezirke orientiert waren. Als die Janusgrünfärbung bis in die Nachbarzelle vordrang, ließ sich erkennen, daß die sich zunehmend stärker färbenden Chondriosomen dieser Zelle ebenfalls an den Kallosebezirken ansetzten.

IV. Besprechung der Ergebnisse

A. Das polare Verhalten der Wurzelrindenzellen

Zur Frage des polaren Verhaltens der Wurzelrindenzellen konnte mit Hilfe von Plasmolyseversuchen festgestellt werden, daß die positiven Plasmolyseorte in diesen im allgemeinen peripheriewärts gelagert sind. Derartige Ergebnisse erzielte 1929 schon Weber, der aber aus seinen Versuchen den Schluß zog, daß die Richtung des Eindringens des Plasmolytikums hierfür entscheidend sei, sofern man mit intakten Wurzeln arbeitet. An Schnitten, an denen Weber keine klaren Verhältnisse für die Verteilung der Plasmolyseorte vorfand, traten jedoch in unseren Versuchen die gleichen Erscheinungen auf. Hier mußte zwar mit Wundreizwirkung gerechnet werden, jedoch sind in Querschnitten alle noch intakten Zellen der diffusen Wundreizwirkung zahlloser angeschnittener Zellen annähernd gleichmäßig ausgesetzt. Aus der Verteilung der Hechtschen Fäden konnte keine polare Differenzierung der Wurzelrindenzelle erschlossen werden.

In Anlehnung an die von Ellengorn und Svetozarova (1950) durchgeführten Versuche mit Farbstoffen wurden mit einer großen Zahl von Fluoreszenzfarbstoffen Differentialfärbungen versucht. Es konnten jedoch an den nur mit einem sehr dünnen Plasmabelag ausgekleideten Wurzelrindenzellen keine Ergebnisse erzielt werden.

B. Verteilung der Kallose in Wurzelrindenzellen

Mit Hilfe von Wasserblau, das bisher lediglich als fluoreszenzlöschend bekannt war, konnten unter der Blaulichtlampe punkt- und ringförmige Fluoreszenzerscheinungen hervorgerufen werden.

---

[5] Ständiger Wechsel von Blau- und Normallicht.

Die Fluorochromierung geht von einer farblosen Komponente des Wasserblaus aus, die aus dem Chromatogramm eluiert werden konnte. Über die chemische Natur dieser Komponente ist nichts Näheres bekannt.

Auch über den sich fluorochromierenden Stoff waren wir zunächst im unklaren. Auf Grund der stofflichen Untersuchungen schieden Proteine ebenso aus wie auch Zellulose, Hemizellulose, Pektinstoffe und Lipoidsubstanzen. Später stellte sich dann heraus, daß sich die Siebplatten der Siebröhren in genau der gleichen Weise und mit der gleichen Nuance des emittierten Lichtes intensiv grünlichgelb kennzeichnen lassen. Damit war ein Hinweis gegeben, daß es sich möglicherweise um Kallose handeln könnte. Jedoch war das Auftreten von Kallose in Parenchymzellen damals noch nicht bekannt.

Inzwischen ist durch weitere Untersuchungen mit Wasserblaufluorochrom (D o l l, unveröffentlichte Zulassungsarbeit des Bot. Inst. Stuttgart 1956, A r n o l d 1956) sowie mit alkalischen Lösungen von Anilinblau durch C u r r i e r und S t r u g g e r (1956) und C u r r i e r (1956) festgestellt worden, daß die Kallose viel weiter verbreitet ist, als bisher angenommen wurde. Jedoch ist sie gewöhnlich in sehr geringen Mengen vorhanden und nur mit Fluorochrom sichtbar zu machen. Sie wird in allen aktiv tätigen ausgewachsenen und meristematischen Zellen angetroffen.

Aus dem Auftreten in der Zelle ergibt sich, daß sie an den Stellen vorkommt, an denen Tüpfel angelegt und ausgebildet werden, und daß sie auch größere, mikroskopisch leicht erkennbare Tüpfel innen auskleidet und auch die dort vorhandenen Plasmodesmen umgibt (Siebröhren). In dem fertig ausgebildeten Endosperm von *Phoenix dactylifera* sind die Plasmodesmenfelder in der Tüpfelschließhaut allerdings frei von Kallose, vermutlich weil in diesen Zellen keine Aktivität der Plasmodesmen mehr besteht.

Ferner kommt sie aber auch an den Wandpartien der Zelle vor, an denen wir keine Tüpfel antreffen oder an denen die Tüpfel sehr klein ausgebildet sind oder vielleicht nur einzelne Plasmafortsätze in die Membran hineinragen bzw. sie durchziehen.

Die aufgefundene Verteilung der Kallosevorkommen zeigt weitgehende Übereinstimmung mit den von W h a l e y und Mitarbeiter (1952) festgestellten „zellulosefreien" Bezirken (Tüpfel) in den jungen Wurzelrindenzellen und der von S c o t t und Mitarbeitern (1956)[6] elektronenoptisch in Wurzelparenchymzellen aufgefundenen Verteilung der Tüpfel.

Vor allem die basalen und apikalen Querwände der langgestreckten Wurzelrindenzellen sind übersät mit kleinen Kalloseablagerungen (Kallosepunkte). In diesen Wänden finden S c o t t und Mitarbeiter zahllose kleine Tüpfel. Solche Kallosepunkte treten auch — in geringen Mengen — an allen Längswänden der Zellen auf, Häufungen jedoch stets an den Tüpfelbezirken.

Die radial liegenden Zellwände weisen weit größere Kallosepunkthaufen auf. Bisweilen sieht man, daß die fluoreszierenden Punkthaufen

---

[6] Erwähnte Arbeit erschien lange nach Abschluß unserer praktischen Versuche.

von nicht fluoreszierenden Strängen unterteilt sind. Auch Scott und Mitarbeiter (S. 314, Abb. 4) haben unterteilte Tüpfel abgebildet (siehe Abb. 13 und 14), in denen die eigentlichen Porenfelder von Strängen aus normal dichtem Zellulosegeflecht durchzogen waren. Wir können daraus schließen, daß sich die Kalloseablagerungen vor allem in dem Bezirk des lockeren Micellargeflechtes befinden müssen.

Die tangentialen Wände zeigen oft eine ringförmige Anordnung der Kallosepunkte, die offensichtlich durch eine Ausweitung (Wachstum?) des betreffenden Tüpfelfeldes zustande gekommen ist und bei denen die Kalloseablagerungen hauptsächlich an den Randbezirken liegen dürften (siehe auch Dattelendosperm). Ob in diesen zentralen, kallosefreien Bezirken unter besonderen Umständen (z. B. Wundreiz) Kallose erneut abgelagert werden kann, bleibt noch zu untersuchen.

Interessant ist die Verteilung der Kallose in den Wurzelhaarzellen. Dort treten in den Außenwänden an der Basis des Haaransatzes größere Kallosepunktbezirke auf, die zusammen einen nahezu geschlossenen Basalgürtel darstellen. Mit dem Auswachsen der Haare treten solche Kallosegürtel etagenartig noch mehrfach auf. Die wachsende Haarspitze enthält eine starke Einlagerung von Kallose.

Die genaue Lokalisation der Kalloseablagerungen ist bei den vorhandenen geringen Mengen äußerst schwer festzustellen. Dort, wo sie in größeren Mengen gefunden wird (Siebröhren, Cystolithen, Pollenschläuche), tritt sie stets in Form von Belägen, Propfen oder Häufchen mit klarer Begrenzung auf (Eschrich 1954). Eine innige Vermischung mit der Membransubstanz wird von Mangin (1890, 1910) für die Pilzkallose angegeben. Auch in den Cystolithen scheint zwischen den Kallosebelägen und der zentral gelegenen Zellulose eine Übergangszone vorhanden zu sein, in der beide Komponenten miteinander gemischt vorkommen. In unseren Präparaten hatten wir mehrfach den Eindruck, als ob auch in diesen die Kallose zum Teil mit der Zellulose der Membran gemischt sei (siehe auch Esau 1949), jedoch war keine eindeutige Entscheidung zu treffen.

In den Siebröhren sind nach Schmidt (1917) und Esau (1949) die die Wand durchsetzenden Plasmodesmen der Siebplatten mit Kallose mantelartig umkleidet. Wenn dies auch für die Plasmodesmen in den Parenchymzellen gilt — wenn auch in wesentlich geringerem Maße —, so wäre damit der Eindruck einer mehr oder weniger deutlichen Durchdringung der Membran mit Kallose gegeben. Eine weitere Auflösung dieser Strukturen war mit den vorhandenen Mitteln leider nicht möglich.

Daß sich in der Wurzelhaarspitze größere Kallosemengen vorfinden, die möglicherweise auch die Zellmembran stärker durchtränken, wird verständlich, wenn wir uns daran erinnern, daß die Wurzelhaarspitze ein sehr lockeres Zellulosemicellargerüst mit viel Pektinsubstanzen (Amyloid Ziegenspeck's) besitzt, in welches auch Plasmafortsätze hineinragen (Frey-Wyssling und Mühlethaler 1949), die einen unkontrollierten Stoffeintritt ermöglichen würden, falls nicht größere, abdichtend wirkende Kallosemengen vorhanden wären.

C. Die Transportbahnen der Anionen

Die Versuche mit der Berberinrhodanidmethode haben zu der Vorstellung geführt, daß in den Wurzelrindenzellen bestimmte Bahnen für den Salztransport vorhanden sind und sich auch nachweisen lassen.

Es hat sich ergeben, daß diese Transportwege innerhalb einer Zelle lange, verzweigte, fädige Strukturen darstellen, die, wie aus der Art ihrer Verzweigung hervorgeht, an der zur Rhizodermis gelegenen Seite der Zellen beginnen und bis zur anderen Seite (Zentralzylinderseite) hinüberreichen.

Die Lundegårdhsche Annahme (1952), daß der aktive Ionentransport vom Plasmalemma direkt zur Vakuole führt oder daß er nur ins Plasma hineinführt und eine hier liegende plasmatische Sperre, an deren Aufbau Cytochrome beteiligt sein sollen, die Rückdiffusion verhindert, scheint nicht realisiert zu sein. Die Länge der fädigen Strukturen spricht einwandfrei dafür, daß sie auf längere Strecken durchs Plasma verlaufen und daß sie zwischen den beiden periklinalen Wänden der Wurzelrindenzellen unter Umgehung der zentralen Vakuole in radialer Richtung ausgespannt sind. Es ist denkbar, daß Abzweigungen zu den radialen Wänden und wohl auch zur Tonoplastenmembran hinführen, die Hauptrichtung geht aber radial durch das Zellplasma hindurch. Sie setzen stets an den Tüpfeln an und führen zu den Tüpfeln der anderen Zellseite.

Eine besondere im Plasma liegende Sperre gegen eine unkontrollierte Rückdiffusion scheint unseres Erachtens unter diesen Umständen nicht erforderlich.

Die Bahnen sind offensichtlich so gebaut, daß die Salze zur Hauptsache dort zusammengehalten und transportiert werden. Transportiert werden sie wahrscheinlich mit Hilfe der Cytochromsysteme, die längs diesen fädigen Bahnen lokalisiert sind. Das erfordert zwar größere Cytochrommengen, aber nach den Untersuchungen Lundegårdh's (1953, 1954) ist ja das Cytochromsystem gegenüber dem Succinodehydrasesystem in den Wurzelzellen überdimensioniert.

Nun haben die in ganz anderem Zusammenhang ausgeführten Untersuchungen von Schneider (1946) und später zahlreiche weitere (Claude 1949 u. a.) zu dem Ergebnis geführt, daß die Hauptmasse des Cytochromatmungssystems der Zellen in den Chondriosomen lokalisiert sei (siehe auch Dubuy und Mitarbeiter (1950), Millerd und Mitarbeiter (1951), Stafford (1951), Green (1951) — zitiert bei Helder (1952) —, Marquardt und Bautz (1954) sowie das Sammelreferat von Newcomer (1951). Auch Lang (1952) spricht von einem „geordneten Multienzymsystem" [7].

---

[7] Eine zweite Möglichkeit für das Vorkommen des Cytochromatmungssystems sieht Perner (1952 b) in den Mikrosomen. Als Nachweis diente ihm die Indophenolblausynthese mit Hilfe des Nadigemisches, die blau gefärbte Granula ergibt. Drawert (1953) sieht diesen Schluß zwar noch als unbegründet an, jedoch ist von anderer Seite (Schneider und Hogeboom 1950, und Schneider, Claude und Hogeboom 1948) ein geringes Vorkommen (16%) von Cytochrom c in Mikrosomen gefunden worden. Gegenüber dem Cytochrom-c-Vorkommen in Chondriosomen ist die Menge aber unbedeutend.

Diese interessanten Befunde haben Robertson, Wilkins, Hope und Nestel (1955) veranlaßt, die Bedeutung der Chondriosomen für die Salzaufnahme an den Zellen der Mohrrübe und Zuckerrübe zu untersuchen. Sie fanden, daß sie Salze speichern, daß sie für Anionen einen aktiven Speicherungsmechanismus besitzen und daß sie der Sitz der Cytochromatmung sind (siehe auch die Untersuchung von Davies [1954] an tierischen Chondriosomen in der Niere). Nur wie der Salztransport erfolgt, blieb noch unklar. Robertson und Mitarbeiter sind der Ansicht, daß die salzbeladenen Chondriosomen mit Hilfe der Plasmaströmung in der Zelle weitertransportiert werden und daß sie auf der Tonoplastenseite infolge des dort herrschenden niederen Oxydationspotentials ihre Ionen wieder abgeben.

Als wir die mit der Berberinrhodanidreaktion erkennbaren Strukturen in den Zellen fanden, lag natürlicherweise auch bei uns der Gedanke nahe, daß diese Strukturen möglicherweise mit Chondriosomen in Beziehung zu bringen wären. Buvat (1933) beschreibt ja sehr verschiedene Chondriosomenformen, darunter auch lange fadenförmige Gebilde. Er stellt sie als

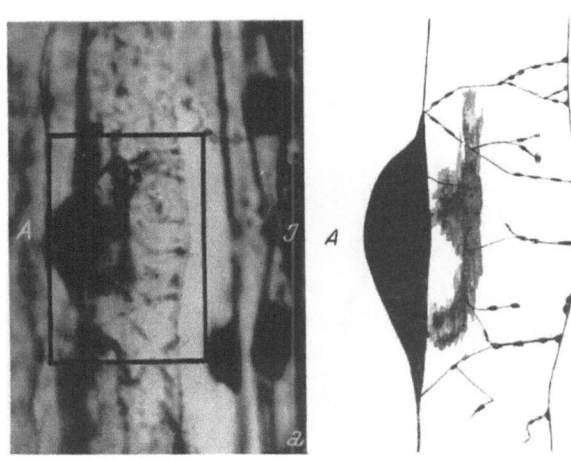

Abb. 18a und b. Längsmedianschnitt durch Wurzelrindenzellen, nach Regaud gefärbt. Zu Fäden aufgereihte Chondriosomen. a: Original, b: schematischer Ausschnitt, A: Außenseite der Zellen, I: Innenseite der Zellen.

äußerst labile und durch osmotische Verhältnisse leicht beeinflußbare Strukturen dar. Nach 3—12stündiger Wässerung findet er „aus vielen Chondriosomen zusammengesetzte Fadengebilde", die in normaler Kulturlösung wieder in Stäbchen zerfallen können. Er betrachtet sie als Formen, wie sie in alten und absterbenden Zellen vorkommen, während er für aktiv tätige Zellen stäbchenförmige Chondriosomen annimmt. Perner und Pfefferkorn (1953) sprechen ebenfalls von sehr labilen und veränderlichen Strukturen und geben an, daß das gesamte Chondriom einer Zelle zu 50% aus stäbchen-, zu 30% aus sphärischen, zu 10% aus hantel- und zu 10% aus fadenförmigen Chondriosomen bestehen soll (Richtwerte). Es können also gleichzeitig sehr verschieden gestaltete Chondriosomen in der Zelle vorkommen. Nach 3—6tägiger Einwirkung von Berberinsulfatlösung sollen sich nach Perner (1952a) pathologische Riesenformen, d. h. lange fadenförmige Chondriosomen erkennen lassen.

Es wäre also durchaus denkbar, daß die fädigen Strukturen chondriosomalen Charakter haben könnten. Mit einer Vitalfärbungsmethode und der Fixierungs- und Färbungsmethode nach Regaud konnten nun tatsächlich in der Zelle fädige Chondriosomen nachgewiesen werden, die bis zu 25 μ lang waren und die Zelle in radialer Richtung durchsetzten (Abb. 18 a und b, 19 a und b) [8].

Da die Befunde trotz verschiedener Methoden stets die gleichen waren, dürfen wir annehmen, daß die fädigen Gebilde in den Wurzelrindenzellen nicht als pathologische Gebilde oder gar als Artefakte anzusprechen sind, sondern daß sie normale Bildungen dieser Zellen darstellen.

Insbesondere ließ sich der Aufbau der Fäden erkennen. Zahlreiche aneinandergereihte stäbchenartige Chondriosomen bauten die sich oft auch verzweigenden Fäden auf. Die Ähnlichkeit mit den fädigen Gebilden, die mit der Berberinrhodanidmethode gefunden wurden, war verblüffend, und es gelang mit großer Wahrscheinlichkeit, beide Gebilde miteinander zu identifizieren (Abb. 19 a, b und 20 a, b).

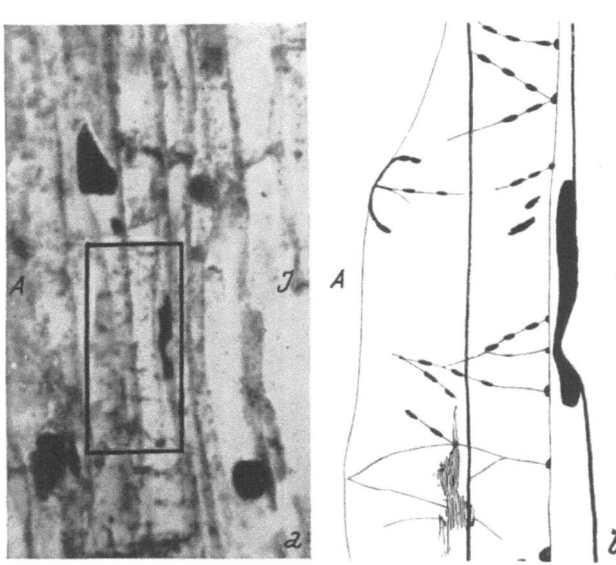

Abb. 19 a und b. Längsmedianschnitt durch eine Wurzelrindenzelle, nach Regaud gefärbt. Zu Fäden aufgereihte Chondriosomen. a: Original, b: bezeichneter Ausschnitt, A: Außenseite der Zellen, I: *Innenseite der Zellen.*

Der perlschnurartige Aufbau dieser Gebilde kam übrigens auch nach Anwendung der Berberinrhodanidmethode, also bei Ablagerung des Berberinrhodanids zum Vorschein (siehe Seite 380).

Nach Geitler (1955, dort auch weitere Literatur) sollen die fädigen Chondriosomen übrigens die „normalen" sein, und erst bei einer sehr leicht erfolgenden Schädigung soll ein reversibler Zerfall in Stäbchen oder Kugeln auftreten. Somit könnte dieser perlschnurartige Aufbau, der bei allen aufgeführten Färbungen auftritt, auch als ein durch leicht schädigende Einwirkungen hervorgerufenes Sekundärstadium gedeutet werden. Dann wäre

---

[8] In den jungen Zellen des Zentralzylinders oberhalb der Teilungszone sieht man die kürzeren, fädigen Chondriosomen längs orientiert, was mit dem hier stattfindenden vertikalen Transport erklärt werden könnte. In den jungen Zellen der Wurzelrinde ist infolge der Inaktivität dieser Zellen bei der Stoffaufnahme keinerlei fädige und gerichtete Anordnung zu erkennen.

also das lange und fädige Chondriom als das in vitalen und noch ungeschädigten Zellen normal vorhandene anzusprechen.

Buvat (1953, S. 35) gibt übrigens in seiner Abb. 1 ein nach der Regaudschen Methode dargestelltes Chondriom wieder, welches meist aus einzelnen Stäbchen besteht und von ihm als „normales Chondriom" bezeichnet wird. Es gleicht weitgehend dem, welches wir in jungen Zellen oberhalb der meristematischen Zone nahe der Wurzelspitze gefunden hatten. Im übrigen bleibt die Möglichkeit bestehen, daß die Chondriosomen in Abhängigkeit von ihrer jeweiligen Aktivität mal einzelne, isolierte Stäbchen

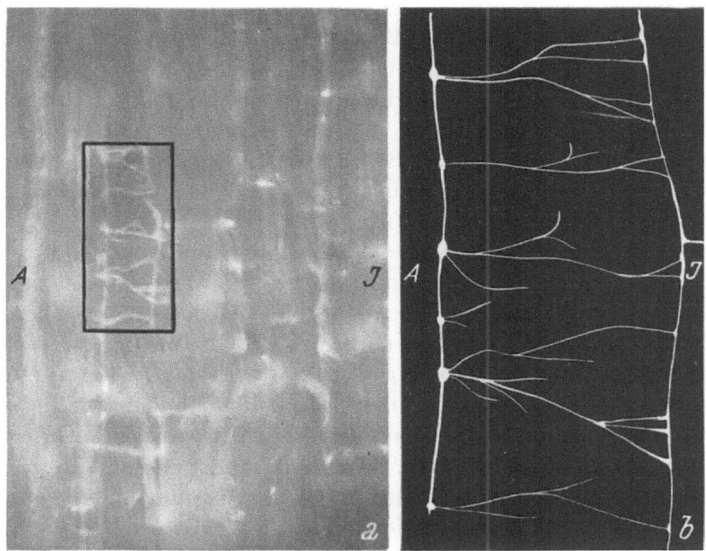

Abb. 20 a und b: *Vicia faba*. Wurzelrindenzelle im Längsmedianschnitt. Bäumchenförmig von außen nach innen verzweigte fluoreszierende Fäden, nach der Berberinrhodanidmethode dargestellt. a: Original, b: bezeichneter Ausschnitt, A: Außenseite der Zellen, I: Innenseite der Zellen.

darstellen, mal sich kettenförmig zu fädigen Gebilden wie in den aktiven Wurzelrindenzellen aneinanderreihen können.

Die bereits oben erwähnten Identifizierungsversuche der Chondriosomenketten oder -fäden mit den fädigen Strukturen, an denen das Berberinrhodanid niedergeschlagen wurde, erfuhren eine Bestätigung durch kombinierte Färbung mit Wasserblaufluorochrom und Janusgrün. Damit ließ sich eindeutig zeigen, daß diese Chondriosomengebilde an den Tüpfeln ansetzen, also an den Stellen der Wand, an denen auch die Kalloseablagerungen sitzen.

Überblicken wir diese Versuche, so ergibt sich, daß 1. das Berberinrhodanid an den Chondriosomen niedergeschlagen wird, daß 2. diese Bahnen des Anionen- bzw. Salztransportes an den Tüpfelbezirken ansetzen, also dort, wo die Kallose abgelagert wird, durch das Plasma um die Vakuole herum bis zur Gegenseite der Zelle verlaufen, und daß 3. die Bahnen verzweigt sein können.

Sicher zu sein scheint also, daß die Anionenaufnahme und der Anionen- bzw. Salztransport durch die Chondriosomen bewerkstelligt wird und daß, entgegen den Vorstellungen von Robertson und Mitarbeiter, nicht die Chondriosomen durch die Plasmaströmung an die Tonoplastenmembran verfrachtet werden und dort ihre Ionen bzw. Salze abgeben, sondern daß der Ionen- bzw. Salztransport durch die Zelle auf wohlgeordneten Bahnen verläuft, Bahnen, die auch keiner besonderen Ionensperre im Sinne Lundegård h's gegen eine Rückdiffusion bedürfen.

Diese Bahnen sind nicht starr, sie können möglicherweise beim Ruhen des Salztransports zerfallen und werden mit Beginn der Zelltätigkeit vielleicht immer wieder neu gebildet. Diese Frage ist allerdings noch offen.

Auf Grund unserer Untersuchungen über die Polarität, über den Verlauf der Ionentransportbahnen in den Wurzelrindenzellen und über die Verteilung der Kallose in den Rhizodermis- und Rindenzellen stellen wir uns zusammenfassend die Stoffaufnahme, den Stofftransport und die Funktion der Wurzelrindenschichten wie folgt vor:

Salze und Wasser des Nährmediums könnten zwar passiv durch das Intermicellarsystem der Rhizodermis- und Wurzelrindenzellwände bis zum Casparyschen Streifen der Endodermiszellen eindringen und von diesen Zellen im Saug-Druck-Verfahren zur Versorgung der Leitbahnen in diese eingeschleust werden. Würde aber durch diese Tätigkeit der Endodermiszellen das Sproßsystem der Pflanze optimal mit Nährsalzen und Wasser versorgt, so wäre die Frage berechtigt, warum die Endodermis nicht die äußere Abschlußschicht der Wurzel darstellt. Gewiß gibt es Pflanzen, bei denen die Endodermis nur noch von der Rhizodermis überdeckt ist, z. B. bei *Calluna vulgaris,* in den meisten Fällen wird sie dagegen von einer mehr oder weniger dicken Wurzelrinde umhüllt. Und somit erhebt sich die Frage nach der Bedeutung der Wurzelrindenzellen.

Ein bloßer Schutz der Endodermis ist ja nicht anzunehmen, denn gerade die Wurzelrinde, die über ein reiches Interzellularensystem verfügt, weist Zellen von hoher physiologischer Aktivität auf. Dieses Wurzelrindengewebe zeichnet sich durch eine recht auffällige Entwicklungsgeschichte aus. Es wird durch periklinale Teilungen, deren Sequenz häufig zentripetal gerichtet ist, mehrschichtig, d. h. daß immer nur die innere von zwei durch Teilung entstandenen Zellen sich weiterteilt. Das hat zur Folge, daß die äußeren Rindenzellen entwicklungsmäßig älter sind als die inneren. Die Teilungen sind also inäqual insofern, als immer eine äußere, sich nicht mehr teilende Zelle und eine innere, sich noch teilende Zelle, gebildet werden.

Sie sind aber auch noch in anderer Hinsicht inäqual, denn nur in der letztgebildeten inneren Zelle, der Endodermiszelle, erfolgt die Ausbildung eines Casparyschen Streifens. Bisweilen kommen ähnliche Bildungen auch in der an die Endodermis angrenzenden Rindenschicht vor. Bei vielen *Rosaceen, Caprifoliaceen* und *Cruciferen* treten an der radialen Wandfläche dieser Zellen kollenchymatische (vielleicht Kallose, s. Poirault

1891, 1893, E s a u 1943) Verdickungsleisten von ähnlicher Lagerung auf, wie sie der Casparysche Streifen in der Endodermis zeigt. Wir dürfen wohl den Schluß ziehen, daß die eigenartige Teilungsfolge der Rindenzellen nicht nur zu dieser anatomisch erkennbaren Inäqualität führt, sondern auch noch zu einer physiologischen, die uns noch weitgehend verborgen ist.

Die Frage ist: Welche Rolle spielt das Rindengewebe bei dem Wasser- und Salztransport?

Über den Durchtritt des Wassers und der darin gelösten Stoffe in den Zentralzylinder entscheidet hinsichtlich der Stoffmengen sicherlich allein die Endodermis. Sie schleust weit mehr Wasser als Salze hindurch, so daß das Verhältnis Wasser : Salz viel stärker zugunsten des Wassers verschoben ist, als etwa das Wasser-Salz-Verhältnis in der Bodenlösung. Würde die Wurzelrinde für den Wasser- und Stofftransport ohne Bedeutung sein, z. B. ein schwammartiges Membrangerüst toter Zellen nach Art eines Velamens darstellen, so müßte es in zunehmendem Maße außerhalb der Endodermis zu einer Salzanreicherung in den Intermicellaren der Rindenzellmembranen kommen, wodurch im Laufe der Vegetationszeit Salzschädigungen der Endodermiszellen eintreten könnten. Und da in der Bodenlösung einerseits die Nährstoffionen meist nie in dem Verhältnis vorhanden sind, wie sie von der Pflanzenzelle benötigt werden, andererseits in ihr auch zahlreiche andere Ionen vorhanden sind, die nicht als eigentliche Nährionen anzusehen sind, so würde zugleich mit der Konzentrierung der Salze außerhalb der Endodermis auch das Verhältnis der Nährionen zu den Fremdionen immer mehr zugunsten der letzteren verschoben, weil die Endodermiszellen eine selektive Ionenauswahl vornehmen. Damit wäre zugleich auch die Gefahr einer Schädigung der Plasmagrenzschicht der Endodermiszellen etwa durch Schwermetallionen oder andere Fremdionen gegeben.

Wenn wir aber annehmen, daß die Wurzelrindenzellen selbst aktiv **viel Wasser** und **wenig Ionen** (und diese noch selektiv) aufnehmen und abgeben, also selbst als Saug-Druck-Pumpen fungieren, so ergibt sich ein ganz anderes Bild. Es kommt zu keiner Konzentrierung der Salze nahe der Endodermis.

Die Imbibitionslösung der Membranen bleibt fast reines Wasser und nur das Verhältnis der Aktivitäten der Rindenzellen einerseits und der Endodermiszellen andererseits bestimmt über die Höhe des Salzgehaltes der Membranlösung. Je intensiver die Endodermiszellen arbeiten, d. h. je mehr ihre Leistung die der Rindenzellen übertrifft, um so mehr Salze können auf passivem Wege durch die Membranintermicellaren aus der Bodenlösung bis zur Endodermis vordringen. Ist jedoch die Leistung der Rindenzellen größer, so werden die Membranintermicellaren von innen her mit dem durchschleusten salzarmen Wasser „ausgespült", welches die Rindenzellen als Saug-Druck-Pumpen abgeben.

Mit dieser Funktion der Rindenzellen ist aber zugleich noch ein anderer Vorteil für die Pflanze verknüpft. Es tritt in einem nach innen zunehmendem Maße eine Ionenselektion ein. Jede Rindenzelle trägt dazu bei, daß das Angebot an Nährionen nahe der Endodermis optimal wird und daß Fremdionen zurückgehalten werden.

Diese Selektionswirkung muß sich am deutlichsten in den Rhizodermiszellen bzw. Wurzelhaarzellen bemerkbar machen. Sie werden am stärksten überschwemmt mit den nicht als Nährionen anzusprechenden Ionen der Bodenlösung, also mit Fremdionen. Dabei handelt es sich in erster Linie um Fremdkationen, die auf dem Wege der Ionenadsorption von der äußeren Plasmagrenzschicht der Rhizodermiszellen festgehalten werden. Jede Oberflächenvergrößerung, wie sie bei der Wurzelhaarbildung zustande kommt, vergrößert die Adsorptionsfläche der plasmatischen Grenzschichten und damit die Möglichkeit zur Adsorption auch der Fremdionen. Je besser die Wurzelhaarbildung und das Wurzelhaarwachstum, um so mehr werden also Fremdionen, vor allem die zwei- und dreiwertigen, festgehalten. Da deren Adsorption wesentlich stärker ist als die der einwertigen, werden sie auch nicht so leicht ins Plasma weitertransportiert, kommen also weit seltener zu den inneren Rindenzellschichten.

Diese Ansammlung größerer Mengen Fremdkationen in den Wurzelhaarzellen hat zur Folge, daß deren Lebensdauer beschränkt ist. Sie sterben in der Tat bald ab, was ja sonst nicht unbedingt verständlich wäre, und durch die Exodermis wird die Wurzelrinde gegen eine weitere Ionenaufnahme und damit auch gegen eine Überflutung durch Fremdionen geschützt.

Derartige Vorstellungen sind nur dann möglich, wenn jede einzelne Rindenzelle wie eine Saug-Druck-Pumpe fungiert, d. h. viel Wasser und wenig Salze aufnimmt und wieder abgibt.

Es läßt sich die Wirkung dieser Saug-Druck-Funktion etwa folgendermaßen darstellen (Abb. 21):

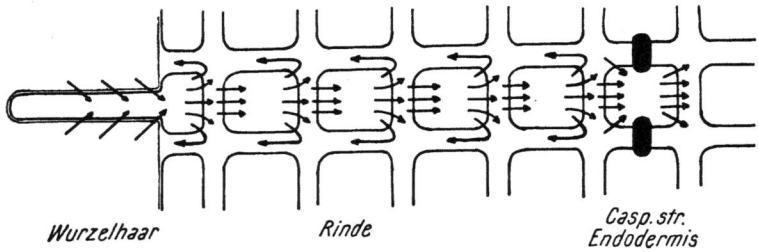

Abb. 21. Schema der Saug-Druck-Funktion der Wurzelzellen.

Die Plasmaaußengrenzschicht wird adsorptiv mit Kationen besetzt, die sich in der intermicellaren Imbibitionsflüssigkeit der Membranen befinden. Diese adsorptive Besetzung ist ein Kationenaustausch. Für die adsorbierten Kationen werden Wasserstoffionen nach außen abgegeben. Die Permeabilität der Grenzschichten und eventuell spezielle Adsorptionsorte entscheiden darüber, welche Kationen bevorzugt aufgenommen werden. Der Überschuß an Kationen, insbesondere an Nährkationen, wird von den durch die Atmung gelieferten Wasserstoffionen aus seinen Adsorptionsorten verdrängt. Die freigesetzten Kationen finden anorganische Anionen oder auch organische Säureanionen.

Die Plasmodesmen, die die Schließhäute der Tüpfel durchsetzen, stellen die Verbindung von Zelle zu Zelle dar. Sie sind die Austrittsorte und zugleich die Eintrittsorte der Ionen, besonders der Anionen. Ob in ihnen schon die für die Anionenaufnahme in Frage kommenden Cytochromsysteme vorhanden sind, ließ sich zwar nicht feststellen, ist aber unwahrscheinlich, da das Cytochrom praktisch zu 100% in den Chondriosomen lokalisiert sein soll, diese aber auf Grund ihrer Größe in den zarten Plasmasträngen, wie sie in den Plasmodesmen vorliegen, nicht unterzubringen wären.

Die Tüpfel in den Wurzelrindenzellen sind überdies die Orte der Kalloseablagerungen. Auch an anderen Stellen, an denen Plasmafortsätze in die Wand hineinragen, sind Kallosebeläge auf der Innenseite der Zellwand vorhanden, die möglicherweise eine Sperrfunktion gegen eine zu intensive Ionenaufnahme und vielleicht auch gegen einen unkontrollierten Salzverlust aus dem Plasma darstellen.

An diesen Tüpfeln setzen die verzweigten Chondriosomenfäden oder -ketten an, die in radialer Richtung unter Umgehung der Vakuole die Zelle durchsetzen bis zu den Tüpfeln der Gegenseite. Es ist denkbar, daß einzelne Zweige bis an den Zellsaftraum reichen und auch diesen mit Salzen versorgen. Spezielle Hinweise hierfür fehlen jedoch. Mittels der in den Chondriosomen lokalisierten Cytochromatmungssysteme kommt es zu einer Anionenaufnahme und zu einem Weitertransport der Anionen bzw. Salze.

Da die Chondriosomensysteme am Plasmalemma aufhören, in den Plasmodesmen also keine vorhanden sind, findet auf der Abgabeseite an diesen ein Austritt der Ionen in die Imbibitionsflüssigkeit der Membranen statt, aus der die nächste, innere Zelle die Ionen in der geschilderten Weise wieder aufnehmen kann usw.

Von Rindenschicht zu Rindenschicht wird dabei durch die selektivierenden Wurzelrindenzellen der Anteil vor allem an Nährkationen immer optimaler, so daß den Endodermiszellen eine weitgehend ausbalancierte verdünnte Salzlösung zur Aufnahme und Durchschleusung in das Leitsystem des Zentralzylinders zur Verfügung steht.

V. Zusammenfassung

Die vorliegenden Untersuchungen wurden in der Absicht durchgeführt, die aus dem physiologischen Verhalten der Wurzeln abgeleiteten Vorstellungen über die Mineralstoffaufnahme cytologisch zu untermauern.

1. Die zunächst durchgeführten Plasmolyseversuche ergaben nur einen schwachen Hinweis und die Färbungsversuche keinen solchen auf einen polaren Bau oder eine polare Arbeitsweise der Wurzelrindenzellen.

2. Aus dem Farbstoff Wasserblau gelang es, eine chemisch nicht näher zu definierende fluoreszierende Komponente papierchromatographisch nachzuweisen und zu eluieren, mit deren Hilfe sich in den Wurzelrindenzellen deutlich umschriebene Stellen fluorochromieren ließen, die im UV-Licht leuchtend grüngelb erkennbar wurden.

3. Diese Fluoreszenzerscheinungen in den Wurzelrindenzellen beschränkten sich auf fleckenartige und ringförmige Bezirke, die sich aus einzelnen fluoreszierenden Punkten zusammensetzten. Die tangentialen Wände solcher Wurzelrindenzellen besaßen häufiger ringförmige, während die radial gerichteten Wände nur fleckenartige fluoreszierende Bezirke aufwiesen. Die apikalen und basalen Querwände dagegen waren mit einzelnen fluoreszierenden Punkten übersät. Außerdem waren an allen Zellwänden noch feinste Einzelpunkte unregelmäßig verteilt.

4. Über die Lokalisation der mit Wasserblau fluorochromierten Substanz war keine ganz eindeutige Entscheidung zu treffen. Zum Teil schien sie an bzw. auf der Zellwand zu liegen, zum Teil aber auch mehr oder weniger weit in diese hereinzureichen. Insbesondere waren die Tüpfel und Tüpfelfelder von der fluoreszierenden Substanz erfüllt bzw. ausgekleidet. Die zahllosen einzelnen, an den Wänden verstreuten Vorkommen der fluoreszierenden Substanz deuteten auf dort vorhandene winzige Tüpfel hin.

5. Die fluoreszierende Substanz selbst konnte eindeutig als Kallose identifiziert werden. Somit lag ein Vergleich dieser kallosehaltigen Bezirke mit denen an den Siebplatten der Siebröhren nahe, an denen sich ebenfalls stets Kallose nachweisen ließ [9], die als Regulativ des Stofftransportes in den Siebröhren anzusehen ist.

6. Die Art der Verteilung der Kallose in den Wurzelrindenzellen ließ vermuten, daß die Ionenaufnahme — insbesondere die Anionenaufnahme — nicht diffus an der ganzen Plasmaoberfläche erfolgen dürfte, sondern möglicherweise an diesen kalloseführenden Bezirken. Unter Zugrundelegung der Lundegårdhschen Vorstellung, daß die Anionenaufnahme an Cytochromatmungssysteme geknüpft sei, wurde nun versucht, solche Anionen von den Zellen aufnehmen zu lassen, die mit schon vorher den Zellen dargebotenen Kationen unlösliche Salze bilden. Dieses gelang bei der Darbietung von KSCN nach vorhergehender Berberinsulfataufnahme der Zellen.

Die Lokalisierung des auftretenden Niederschlags von stark fluoreszierendem Berberinrhodanid diente als Beleg für die Orte der Anionenaufnahme.

Mittels dieser Berberinrhodanidmethode konnte gezeigt werden, daß die in die Wurzelrindenzellen eindringenden Anionen (SCN^-) bestimmten Bahnen folgen. Diese erschienen nach Bildung des Berberinrhodanids als fluoreszierende Fäden. Die Form dieser Fäden war teilweise bäumchenartig verzweigt. Sie führten von der äußeren Tangentialwand der Zellen zur inneren und verliefen innerhalb des Cytoplasmas um die Vakuole herum. Die Erscheinungen konnten an vitalen Zellen beobachtet werden, die sich nach den Versuchen noch normal plasmolysieren ließen.

7. Es zeigte sich, daß diese Ablagerungen von Berberinrhodanid an den

---

[9] Nicht gemeint sind die Kallosepfropfen, die im Herbst auf den Siebplatten abgelagert werden.

Anionenbahnen unterblieben, wenn die Zellen mit KCN von bestimmter Konzentration behandelt wurden. Damit war dargetan, daß die Ablagerung von Berberinrhodanid mit einem cyanempfindlichen Cytochromsystem in Zusammenhang stehen muß.

8. Da man heute weiß, daß die Cytochromsysteme überwiegend in Chondriosomen lokalisiert sind, wurde versucht, die aufgefundenen fädigen Strukturen mit Chondriosomen zu identifizieren. Nach Vitalfärbung der Chondriosomen mit Janusgrün und nach Anwendung der Fixierungs- und Färbungsmethode nach Regaud traten in den Wurzelrindenzellen die gleichen fädigen Strukturen auf. Somit lag es nahe, diese Strukturen als fädige Chondriosomen anzusehen, oder — was wahrscheinlicher schien — sie sich kettenförmig aus Chondriosomen aufgebaut zu denken.

9. Die Stellen der Zellwände, an denen die Fäden enden und auf der anderen Seite der Wand wieder beginnen, entsprachen ihrer Anordnung nach den durch das Fluorochrom des Wasserblaus festgestellten Kallosebezirken. Durch kombinierte Färbungen (Wasserblau und Janusgrün) wurde gezeigt, daß die sich mit Janusgrün färbenden Chondriosomenketten von den fluoreszierenden Kallosebezirken der äußeren Tangentialwand einer Wurzelrindenzelle ausgehen, zu denen der inneren Tangentialwand hinführen und in gleicher Weise auch die nach innen anschließenden Zellen durchziehen. In den Bereich der zarten Plasmodesmen können keine Chondriosomen eintreten, da diese wesentlich dicker sind als die Plasmodesmen. Pflichten wir der Anschauung bei, daß das Cytochrom praktisch vollständig in den Chondriosomen vorhanden ist, so ergibt sich, daß auch die cytochromführenden Transportwege in den Plasmodesmen fehlen. Daher nehmen wir an, daß an den Plasmodesmen die transportierten Stoffe in die Membran übertreten können, sofern sie nicht sofort wieder von der Nachbarzelle aufgenommen werden.

Vorliegende Arbeit wurde im Botanischen Institut der Technischen Hochschule Stuttgart in den Jahren 1952 bis 1957 angefertigt.

Für Themaüberlassung, wertvolle Anregungen und Hinweise sowie für die Überlassung eines Arbeitsplatzes bin ich Herrn Prof. Dr. A. Arnold zu großem Dank verpflichtet.

Literatur

Arisz, W. H., 1945: Contribution to a theory on the absorption of salts by the plant and their transport in parenchymatous tissue. Proc. Kon. Ned. Akad. Wet. 48, 420—466.

Arnold, A., 1952: Über den Funktionsmechanismus der Endodermiszellen der Wurzeln. Protoplasma 41, 189—211.

-- 1956: Ein neues Reagenz auf Kallose. Naturw. 43, 233—234.

Buvat, R., 1953: Die Ursache und Deutung der Chondriosomenwandlungen. Endeavour XII, 33—37.

Claude, A., 1949: Proteins, lipids and nucleic acids in cell structures and functions. Adv. Protein Chem. 5, 423—440.

Crafts, A. S., and T. C. Broyer, 1938: Migration of salts and water into xylem of the roots of higher plants. Amer. J. Bot. 25, 529—535.

Currier, H. B., 1956: The pit callose reaction. Plant Physiol. 31 (Suppl.), XXXIII.

— and S. Strugger, 1956: Anilinblue and fluorescence microscopy of callose in bulb scales of *Allium cepa* L. Protoplasma 45, 552—559.

Davies, R. E., 1954: Relations between active transport and metabolism in some isolated tissues and mitochondria. Symp. Soc. exper. Biol. 8, 453—475.

Drawert, H., 1953: Vitale Fluorochromierung der Mikrosomen mit Janusgrün, Nilblausulfat und Berberinsulfat. Ber. dtsch. bot. Ges. 66, 135—151.

Dubuy, H. G., M. W. Woods, and M. D. Lackey, 1950: Enzymatic activities of isolated normal and mutant mitochondria and plastids of higher plants. Sci. N. Y. 111, 572—574.

Ellengorn, J. E. und V. V. Svetozarova, 1950: Die Erscheinung der Polarität bei Pflanzenzellen (russisch). Ž. Obšč. Biol. 63, 359—366.

Esau, K., 1943: Vascular differentiation in the pear root. Hilgardia 15, 299—324.

— 1949: Phloem structure in the grapevine, and its seasonal changes. Hilgardia 18, 217—296.

Eschrich, W., 1954: Ein Beitrag zur Kenntnis der Kallose. Planta 44, 532—542.

— 1956: Kallose. Protoplasma 47, 487—530.

Frey-Wyssling, A. und K. Mühlethaler, 1949: Über den Feinbau der Zellwand von Wurzelhaaren. Mikroskopie 4, 257—265.

Geitler, L., 1955: Normale und pathologische Anatomie der Zelle. Handbuch der Pflanzenphysiologie, Springer-Verlag, Berlin, Bd. 1, 139—164.

Härtel, O., 1940: Physiologische Studien an Hymenophyllaceen: I. Zellphysiologische Untersuchungen. Protoplasma 34, 117—146.

Helder, R. J., 1952: Analysis of the process of anion uptake of intact maize plants. Acta Bot. Neerl. 1, 361—434.

Howe, C. G., 1921: Pectic material in root hairs. Bot. Gaz. 72, 313—320.

Küster, E., 1941: Über Plasmolyse- und Deplasmolyseformen pflanzlicher Protoplasten. Protoplasma 36, 134—146.

Lang, K., 1952: Der intermediäre Stoffwechsel. Springer-Verlag, Berlin.

Lundegårdh, H., 1935: Theorie der Ionenaufnahme in lebende Zellen. Naturw. 23, 313—318.

— 1937: Untersuchungen über die Anionenatmung. Biochem. Z. 290, 104—124.

— 1943: Bleeding and sap movement. Ark. Bot. 31 A, Nr. 2.

— 1948: Quantitative relations between respiration and salt absorption. Ann. Agr. Coll. Swed. 16, 372—403.

— 1950: The translocation of salts and water through wheat roots. Phys. Plant. (Copenh.) 3, 103—151.

— 1952: Properties of the cytochrome system of living wheat roots. Nature 169, 1088—1091.

— 1953: Reaction kinetics of the cytochrome system. Nature 171, 521—522.

— 1954: Anion respiration. The experimental basis of a theory of absorption, transport and exudation of electrolytes by living cells and tissues. Symp. Soc. exper. Biol. 8, 262—296.

Mangin, L., 1890: Sur la callose, nouvelle substance fondamentale existante dans la membrane. C. r. Soc. Biol. 110, 644—647.

Marquardt, H. und E. Bautz, 1954: Die Wirkung einiger Atmungsgifte auf das Verhalten von Hefe-Mitochondrien gegenüber der Nadi-Reaktion. Naturw. 41, 361—362.

Millerd, A., J. Bonner, B. B. Axelrod, and R. Bandurski, 1951: Oxidative and phosphorylative activity of plant mitochondria. Proc. Nat. Acad. Sci. USA 37, 855—862.

Newcomer, E. H., 1951: Mitochondria in plants II. Bot. Rev. 17, 53—89.

Perner, E. S., 1952 a: Die Vitalfärbung mit Berberinsulfat und ihre physiologische Wirkung auf Zellen höherer Pflanzen. Ber. dtsch. bot. Ges. 65, 52—59.

— 1952 b: Zellphysiologische und zytologische Untersuchungen über den Nachweis und die Lokalisation der Cytochromoxydase in *Allium*-Epidermiszellen. Biol. Zbl. 71, 43—69.

— und G. Pfefferkorn, 1953: Pflanzliche Chondriosomen im Licht- und Elektronenmikroskop unter Berücksichtigung ihrer morphologischen Veränderungen bei der Isolierung. Flora 140, 98—129.

Poirault, G., 1891 a: Sur quelques points de l'anatomie des organes végétatifs des Ophioglossées. C. r. Soc. Biol. 112, 967—968.

— 1891 b: Sur les tubes criblées des Filicinées et des Equisetinées. C. r. Soc. Biol. 113, 232—234.

— 1893: Recherches anatomiques sur les cryptogames vasculaires. Ann. Sci. nat. Bot. 7, Sér. 18, 113—256.

Ridgway, C. S., 1913: The occurrence of callose in root hairs. Plant World 16, 116—122.

Roberts, E. A., 1916: The epidermal cells of roots. Bot. Gaz. 62, 488—506.

Robertson, R. N., 1951: Mechanism of absorption and transport of inorganic nutrients. Ann. Rev. plant physiol. 2, 1—24.

Robertson, R. N., M. J. Wilkins, A. B. Hope, and L. Nestel, 1955: Studies of metabolism of plant cells. X. Respiratory activity and ionic relations of plant mitochondria. Austral. J. Sci. 8, 164—185.

Romeis, B., 1948: Mikroskopische Technik. Leibniz-Verlag, München.

Rouschal, E. und S. Strugger, 1940: Der fluoreszenzoptisch-histochemische Nachweis der kutikulären Sekretion und des Salzweges im Mesophyll. Ber. dtsch. bot. Ges. 58, 50—69.

Schmidt, E. W., 1917: Bau und Funktion der Siebröhren der Angiospermen. Fischer-Verlag, Jena.

Schneider, W. C., 1946: Intracellular distribution of enzymes. I. The distribution of succinic dehydrogenase, cytochrome oxidase, adenosine triphosphatase and phosphorus compounds in normal rat tissues. J. Biol. Chem. 165, 585—593.

— and G. H. Hogeboom, 1950: Intracellular distribution of enzymes. V. Further studies on the distribution of cytochrome c in rat liver homogenates. J. Biol. Chem. 183, 123—128.

— A. Claude and G. H. Hogeboom, 1948: The distribution of cytochrome c and succinooxidase activity in rat liver fractions. J. Biol. Chem. 172, 451—458.

Scott, F. M., K. C. Hammer, E. Batzer, and E. Bowler, 1956: Electron microsope studies of cell wall growth in the onion root. Amer. J. Bot. 43, 313—324.

Stafford, H. A., 1951: Intracellular localization of enzymes in pea seedlings. Phys. Plant. 4, 696—741.

Strugger, S., 1939: Die lumineszenzmikroskopische Analyse des Transpirationsstromes in Parenchymen. Biol. Zbl. 59, 274—288.

Strugger, S., 1949: Praktikum der Zell- und Gewebsphysiologie der Pflanze. Springer-Verlag, Berlin.

Weber, F., 1929: Plasmolyseort. Sammelreferat. Protoplasma *7*, 583—601.

Whaley, W. G., L. W. Mericle, and C. Heimsch, 1952: The wall of the meristematic cell. Amer. J. Bot. *39*, 20—26.

Wiersum, L. K., 1948: Transfer of solutes across the young root. Rec. Trav. Bot. Neerl. *41*, 1—79.

Zacharowa, T. M., 1925: Über den Einfluß niedriger Temperaturen auf die Pflanzen. Jb. wiss. Bot. *65*, 61—87.

Ziegenspeck, H., 1925: Über Zwischenprodukte des Aufbaues von Kohlenhydrat-Zellwänden und deren mechanische Eigenschaften. Bot. Arch. *9*, 297—376.

MIX
Papier aus verantwortungsvollen Quellen
Paper from responsible sources
FSC® C105338

If you have any concerns about our products,
you can contact us on
ProductSafety@springernature.com

In case Publisher is established outside the EU,
the EU authorized representative is:
**Springer Nature Customer Service Center GmbH
Europaplatz 3, 69115 Heidelberg, Germany**

Printed by Libri Plureos GmbH
in Hamburg, Germany